Peter Duchstein

Getriebeturbofan und konventioneller Turbofan

Ein Vergleich auf der Basis stationärer Leistungsrechnungen

Diplomica Verlag GmbH

Duchstein, Peter: Getriebeturbofan und konventioneller Turbofan: Ein Vergleich auf der Basis stationärer Leistungsrechnungen, Hamburg, Diplomica Verlag GmbH 2013

Buch-ISBN: 978-3-8428-6200-5
PDF-eBook-ISBN: 978-3-8428-1200-0
Druck/Herstellung: Diplomica® Verlag GmbH, Hamburg, 2013

Bibliografische Information der Deutschen Nationalbibliothek:
Die Deutsche Nationalbibliothek verzeichnet diese Publikation in der Deutschen Nationalbibliografie; detaillierte bibliografische Daten sind im Internet über http://dnb.d-nb.de abrufbar.

Hermannstal 119k, 22119 Hamburg
http://www.diplomica-verlag.de, Hamburg 2013
Printed in Germany

Abstract

Eine der zentralen Forderungen an zukünftige Triebwerke ist eine gesteigerte Effizienz. Dies kann bei einem Turbofan durch eine Anhebung des Nebenstromverhältnisses erreicht werden. Dieser Steigerung sind jedoch für einen direkt angetriebenen Turbofan Grenzen gesetzt, so dass dies in naher Zukunft nur mit Konzepten wie dem Getriebeturbofan zu erreichen ist. Obwohl der Einbau eines Reduktionsgetriebes trivial anmutet, wird sich zeigen, dass die Auswirkungen auf die restlichen Teile des Triebwerks teils enorm sind und veränderte Ansätze erfordern. Zum besseren Verständnis der Schwierigkeiten, die das Konzept des Getriebeturbofans bisher bereitet hat und zur Verdeutlichung, welche Lösungen gefunden wurden, werden die bisher realisierten bzw. gescheiterten Getriebeturbofans vorgestellt. Ausgehend von der Fragestellung, ob ein vorhandener Triebwerkskern eher in einen konventionellen Turbofan oder in einen Getriebeturbofan integriert werden sollte, wird eine stationäre Leistungsrechnung im Auslegungspunkt durchgeführt. Diese wird ergänzt durch eine Missionsanalyse für zwei verschiedene Missionsprofile. Es zeigt sich, dass bei identischem Technologielevel und sehr konservativ gesetzten Komponentenwirkungsgraden mit einem Getriebeturbofan selbst ohne variable Geometrien eine Einsparung um 6 % je Mission möglich ist. Eine weitere Steigerung kann unter anderem durch eine Anpassung des Auslegungspunktes und eine optimierte Auslegung des Kerns erreicht werden. Zuletzt wird das Gewicht eines möglichen Getriebes anhand von empirischen Relationen geschätzt. Dieses Gewicht muss im Gegenzug durch die Verkürzung der Niederdruckturbine gewonnen werden.

A central requirement for future aero engines is a better efficency. Using a turbofan engine this can be achieved by increasing the bypass ratio beyond today's values. While for direct drive turbofans the possible bypass ratio has reached a limit, the concept of the geared turbofan shows room for growth. Although the incorporation of a reduction gear seems rather trivial, the consequences for all other components are not. These consequences will be dicussed broadly and also the amendments that have to be made to current design processes. For a better understanding of the difficulties that need to be overcome when developing a geared turbofan and to illustrate some of the solutions already applied, all known geared turbofans are presented, whether they were realized or abandoned. Based on the question if an existent core is doing better in a conventional or geared turbofan, not only a stationary performance analysis for the design point is carried out. Furthermore two different mission profiles are analyzed. Assuming the same technological level and using rather conservatively chosen component efficencies for the geared turbofan, the possible reduction in fuel burn will be around 6 % even without variable geometries. This can be increased by applying an optimized core and amending the engine cycle design point. Finally the weight of a possible gearbox will be estimated using empiric correlations. This estimated weight is the minimum weight that must be achieved when reducing the axial lenght of the low pressure turbine.

Inhaltsverzeichnis

Abbildungsverzeichnis

Tabellenverzeichnis

Abkürzungsverzeichnis

Abkürzung	Bedeutung
ACARE	Advisory Council for Aeronautical Research in Europe
ACOC	Air Cooled Oil Cooler
ADP	Advanced Ducted Propulsor
AGBT	Advanced Gearbox Technology
APET	Advanced Prop-Fan Engine Technology
ATFI	Advanced Technology Fan Integrator
CLEAN	Component Validator for Environmentally-friendly Aero-Engine
CRISP	Counter Rotating Integrated Shrouded Propfan
DDTF	Direct Drive Turbofan
E^3	Energy Efficient Engine
FCOC	Fuel Cooled Oil Cooler
FGDS	Fan Drive Gear System
FOHE	Fuel Oil Heat Exchanger
GTF	Geared Turbofan
HP	High Pressure
HPC	High Pressure Combustor
HPT	High Pressure Turbine
IAE	International Aero Engines
ICAO	International Civil Aviation Organization
IPC	Intermediate Pressure Ratio
ISA	International Standard Atmosphere
LP	Low Pressure
LPC	Low Pressure Combustor
LPT	Low Pressure Turbine
MCR	Maximum Cruise
MEE	More Electrical Engine
MRJ	Mitsubishi Regional Jet
MTBR	Mean Time Between Removal
MTU	Motoren- und Turbinen-Union
NASA	National Aeronautics and Space Administration
RNI	Reynolds Number Index
RQL	Rick Quick Quench Lean
SLS	Sea Level static
TALON	Technology for Advanced Low NO_x
TSFC	Thrust Specific Fuel Consumption
UHB	Ultra High Bypass
USA	United States of America
VFW	Vereinigte Flugtechnische Werke
VSV	Variable Stator Vane

Symbolverzeichnis

Formelzeichen	Bedeutung
	lateinische Buchstaben
A	Fläche
b	Beschleunigung
c_A	Auftriebsbeiwert
D	Durchmesser
DG	Drosselgrad
E	Gleitzahl
F	Schub
H	Höhe
k	Konstante
$MTOM$	maximale Abflugmasse
g_0	mittlere Erdbeschleunigung
$N1$	Drehzahl, Niederdruckteil
$N2$	Drehzahl, Hochdruckteil
n_{TW}	Anzahl der Triebwerke
Ma	Machzahl
m	Masse
$\dot{m}_{korr}$	korrigierter Massenstrom
P	Leistung
RPM	Drehzahl
s_1	Startstrecke
u_{tip}	Blattspitzengeschwindigkeit
TAS	wahre Fluggeschwindigkeit
$v_{liftoff}$	Abhebegeschwindigkeit
w	Massenstrom
x	Konstante
$\bar{x}$	Konstante
y	Konstante
$\bar{y}$	Konstante
	griechische Buchstaben
γ	Ähnlichkeitsfaktor
ζ	Untersetzungsverhältnis
η	Wirkungsgrad
Θ	Temperaturverhältnis, aktuell zu ISA SLS
Ξ_{par}	Ähnlichkeitsparameter
Π	Druckverhältnis
ρ	Dichte
τ_γ	Substitutionsvariable

Formelzeichen	Bedeutung
	tiefgestellte Indizes
$Booster$	Booster
$cruise$	Reisezustand
Fan	Fan
GB	Getriebe
ges	gesamt
HDT	Hochdruckturbine
HDV	Hochdruckverdichter
ICA	Anfangsreiseflughöhe
m	mittel
max	maximal
NDT	Niederdruckturbine
NDV	Niederdruckverdichter
net	netto
pol	polytrop
R	reduziert
ref	Referenz
$start$	Start
std	auf ISA SLS bezogen
th	thermisch
$trocken$	Trocken
V	Vortrieb
$wing$	Flügel

1 Einleitung

1.1 Marktsituation

Seit der Entwicklung der ersten Strahltriebwerke in den 1930er-Jahren haben sich die zivilen Triebwerke erheblich weiterentwickelt. Diese Entwicklung wurde stets durch die Anforderungen der Kunden vorangetrieben. Bestanden die Anforderungen an Flugzeugtriebwerke in den ersten Jahrzehnten der kommerziellen Luftfahrt noch hauptsächlich darin, den erforderlichen Schub bereitzustellen und die Regularien der Luftsicherheit zu erfüllen, so sind sie heute wesentlich umfangreicher. Die Hauptforderung der Luftverkehrsgesellschaft als Betreiber eines Flugzeugs sind möglichst geringe Kosten, sowohl bei der Anschaffung als auch im Betrieb und in der Wartung. Die Kosten zur Anschaffung eines Flugzeugtriebwerks werden bereits heute schon so gering wie möglich gehalten. Zum Einen wird von Seiten der Hersteller versucht, die Fertigungskosten zu senken und mit der Entwicklung von Triebwerksfamilien Synergieeffekte zu nutzen, wie sie aus Standardisierung entstehen können [1, Kapitel 6.2.1]. Zum Anderen werden Triebwerke aber auch mit geringstem Gewinn verkauft, die Kunden dann aber mit Wartungs- und Serviceverträgen an den jeweiligen Hersteller gebunden, der über solche Verträge den Großteil seines Gewinns generiert. 2011 erwirtschaftete das Unternehmen Rolls-Royce plc bereits 53% seines Einkommens aus solchen Verträgen, den sogenannten *Aftermarket Services*, Tendenz steigend [2]. Aus dieser Strategie resultiert zugleich, dass die Realisierung geringer Wartungskosten nicht nur den Forderungen der Luftverkehrsgesellschaften entspricht, sondern auch den finanziellen Zielen der Triebwerkshersteller dient. Geringe Wartungskosten lassen sich vornehmlich durch langlebige Teile erreichen, zusätzlich kann eine Reduzierung der Teileanzahl zu geringeren Wartungskosten führen [3]. Die Betriebskosten wiederum werden im Wesentlichen durch den Treibstoffverbrauch bestimmt. Die Senkung des Verbrauchs muss dabei aber nicht zwangsläufig zu geringeren Kosten führen. Bei Betrachtung der Entwicklung der Marktpreise für fossile Brennstoffe muss damit gerechnet werden, dass eine moderate Reduzierung des Treibstoffverbrauchs noch während des Lebenszyklus' eines Triebwerks durch die gestiegenen Brennstoffpreise wieder konterkariert würde. Vor diesem Hintergrund muss von Seiten der Triebwerkshersteller eine massive Senkung des Verbrauchs angestrebt werden, um ein langfristig erfolgreiches Triebwerk zu entwickeln. Zusätzlich kann davon ausgegangen werden, dass mit einer Senkung des Treibstoffverbrauchs auch eine Senkung der Schadstoffemissionen einhergeht. Diese Emissionen sind heute schon relevant für die Zulassung des Triebwerks, sollten aber im Interesse des Kunden weit unter den heutigen Grenzwerten liegen, damit das Triebwerk über seinen gesamten Lebenszyklus betrieben werden kann [4]. Anhaltspunkte für die anzustrebenden Emissionsreduzierungen bieten Organisationen wie der *Advisory Council for Aeronautical Research in Europe (ACARE)*. In den Publikationen dieses Gremiums wurde bereits 2001 das Ziel angestrebt, bis 2020 den Ausstoß von Kohlenstoffdioxid (CO_2) um 50% und den Ausstoß von Stickoxiden (NO_x) sogar um 80% zu senken [5]. Um diese Werte erreichen zu können, müssen langfristig Maßnahmen angestrebt werden, die über eine reine Verbrauchsreduzierung hinausgehen. Die Emission von Stickoxiden kann durch geänderte Verbrennungskonzepte beeinflusst werden [6]. Ebenso bietet das über Bord gehende Öl des *heat management systems* Raum für neue Konzepte [7, Kapitel 16.5]. Neben den Schadstoffemissionen wird in den Zielen des ACARE auch die Reduzierung der Lärmemissionen auf die Hälfte des damaligen Wertes genannt [5]. Dieser Forderung muss ein neu zu entwickelndes Triebwerk ebenfalls genügen. Darüber hinaus gewinnt das Konzept eines „grünen" Triebwerks immer mehr an Bedeutung. In diesem Konzept werden nicht nur die oben genannten Forderungen vereint, auch die gesamte Produktionskette - beginnend bei der Gewinnung der Rohmaterialien für die Bauteile - soll umweltverträglich sein. Fertigungs- und Wartungsverfahren sollen ebenso umweltfreundlich sein wie die letztendliche Entsorgung des Triebwerks [8].

1.2 Zukunftspotential

Die vorgestellten Forderungen der Luftverkehrsgesellschaften geben den Triebwerksherstellern nicht nur einen allgemeinen Rahmen für Neuentwicklungen vor, sondern auch sehr konkrete Ziele. Das Erreichen dieser Ziele kann über die Kombination zweier Felder der Forschung und Entwicklung realisiert werden:

1. Verbesserung bestehender Technologien & Konzepte
2. Anwendung neuer Technologien & Konzepte.

Bereits heute sind Technologien in der Luftfahrt etabliert, die noch erhebliches Entwicklungspotential besitzen. Die Legierungen, die heute im Turbinenbereich von Flugzeugtriebwerken eingesetzt sind, werden ständig weiterentwickelt und ermöglichen höhere Temperaturen und damit verbesserte thermische Zyklen. Der verstärkte Einsatz von Rechnern führt zu einem effizienteren Design der Schaufeln in Verdichtern und Turbinen [6]. Zusätzlich existieren Simulationsprogramme, mit deren Hilfe bereits in der Konzeptphase verschiedenste Konfigurationen und auch die Auswirkungen einzelner Design-Änderungen überprüft werden können. Diese Programme werden immer wieder an den aktuellen Stand der Technik angepasst und stellen oft einen erheblichen Wettbewerbsvorteil dar, was auch erklärt, dass in jedem Triebwerksunternehmen mindestens ein firmenspezifisches Softwarepaket existiert [9]. Werden nun die zeitlichen Entwicklungskurven einiger Triebwerksparameter betrachtet, so kann festgestellt werden, dass diese Kurven stetig abflachen [1, Kapitel 5.2]. Daraus ist zu schließen, dass die bestehenden Technologien und Konzepte bereits ausgeschöpft sind oder in naher Zukunft ausgeschöpft sein werden.
Für neue Produkte, die langfristig ausgelegt werden, müssen also neue Technologien und Konzepte entwickelt und adaptiert werden. Zum Bereich der neuen Technologien zählen sowohl neue Werkstoffe als auch neue Fertigungsverfahren. Ein Beispiel für Werkstoffe, die in den letzten 20 Jahren immer mehr Einfluss im Triebwerksbau haben, sind die Faserverbundwerkstoffe, die seit einigen Jahren verstärkt auch in den Rotorschaufeln von Fans zum Einsatz kommen [10]. Solche neuen Werkstoffe erfordern in letzter Konsequenz natürlich auch neue oder veränderte Fertigungsverfahren. Dass im Gegenzug aber auch ein Werkstoff durch das Fertigungsverfahren bedingt sein kann, zeigen die Bestrebungen, das *Metal Injection Molding*-Verfahren auf bestehende Triebwerksteile anzuwenden. Hier geht es vor allem darum, bereits bestehende Teile kostengünstiger herzustellen [11]. Aber neuartige Werkstoffe und Fertigungsverfahren bieten nicht nur die Möglichkeit, bestehende Konzepte zu verbessern, sie haben auch Auswirkungen auf die Realisierbarkeit neuer Triebwerkskonzepte. So sind beispielweise künftige Triebwerke mit *wide chord blades* ohne Faserverbundwerkstoffe nur schwer realisierbar [10].
Seit den 1970er-Jahren konzentriert sich die Forschung der Industrie für neue Triebwerkskonzepte auf eine weitere Verbesserung des Turbofan-Konzepts [12]. Allen diesen Konzep-

ten liegt dabei die Idee zu Grunde, den Sekundärluftmassenstrom (*bypass*) zu erhöhen, sie werden daher oft als *ultra-high bypass engines (UHB engines)* bezeichnet [13]. Die Steigerung des Bypass-Verhältnisses ist bei annährend konstantem Kernmassenstrom gleichbedeutend mit einer Steigerung des Fandurchmessers. Der Durchmesser des Fans wird jedoch begrenzt durch die Blattspitzengeschwindigkeit, die sich aus der Aerodynamik ableitet: Verdichtungsstöße führen zu Verlusten, die wiederum den Vortriebswirkungsgrad reduzieren [7, Kapitel 4.4.2]. Mit steigendem Fandurchmesser muss der Fan also immer langsamer drehen, was zwar automatisch zu einem niedrigeren Fandruckverhältnis führt, aber gleichzeitig die Drehzahl der Niederdruckturbine begrenzt. Dies wiederum wirkt sich negativ auf die Leistungsumsetzung in der Niederdruckturbine aus [14]. Um dennoch diese hohen Bypass-Verhältnisse zu ermöglichen, existieren mehrere Unterkonzepte:

- Vergrößerung des Durchmessers der Niederdruckturbine
  Die Erhöhung des mittleren Radius des Turbinenringraums führt zu einer höheren Umfangsgeschwindigkeit innerhalb der Turbine und steigert somit die Leistungsabgabe dieser. Wesentlicher Nachteil dieser Lösung ist das erhöhte Gewicht und die erhöhten Kosten aufgrund der größeren Dimension und der größeren Anzahl von Turbinenteilen [7, Kapitel 4.4.2]. Erfolgreich eingesetzt wird dieses Prinzip seit mehr als drei Jahren vom Gemeinschaftsunternehmen Engine Alliance (General Electric und Pratt & Whitney) mit dem GP7200 für den Airbus A380 [15].

- Separate Fanwelle
  Diese Lösung wird von der Firma Rolls-Royce bevorzugt und bereits seit den 1970er-Jahren erfolgreich in den Triebwerken der Trent-Reihe eingesetzt [12]. Die aerodynamische Drehzahlabstimmung zwischen Fan und dem antreibenden Turbinenteil kann hier nahe dem Optimum etabliert werden [7, Kapitel 4.4.2]. Somit sind erheblich weniger Turbinenstufen notwendig, was zu einem kürzeren und leichteren Triebwerk führt [7, Kapitel 4.8.2]. Jüngste Entwicklung in dieser Reihe ist das Trent XWB, das derzeit für den Einsatz am Airbus A350 vorgesehen ist und seit dem 18. Februar 2012 im Flug erprobt wird [16]. Nachteil dieser Lösung ist die erhöhte Komplexität der thermodynamischen Prozesse und die höheren Anforderungen hinsichtlich des technischen Verständnisses des Gesamtsystems.

- Entkopplung von Niederdruckturbine und Fan durch ein Getriebe
  Der Einbau eines Getriebes zwischen Niederdruckwelle und Fan ermöglicht sowohl der Niederdruckturbine als auch dem Fan eine optimale Drehzahl [13]. Für die Niederdruckturbine bedeutet das höhere Drehzahlen als in einem konventionellen Turbofan und somit eine höhere Leistungsabgabe. Dadurch werden weniger Stufen benötigt, so dass sich das Gewicht der Turbine reduziert. Auf Grund der niedrigeren Drehzahl des Fans wird außerdem der Lärm reduziert [14]. Nachteil dieser Lösung ist das Getriebe selbst, denn es muss zum Einen für eine hohe Leistung konzipiert sein und fällt damit meist groß und schwer aus. Zum Anderen erfordert ein großes Getriebe auch eine große Menge an Öl, sowohl zur Schmierung als auch zur Kühlung, was zu einer Vergrößerung des Ölkühlers bzw. zu einem separaten Ölkühler führt [7, Kapitel 4.4.2]. Bisher wird diese Lösung vor allem in Triebwerken der unteren Schubklasse für Business- und Regionaljets eingesetzt. Dort ist ein Getriebe aufgrund der geringeren Wellenleistung ohne Einschränkungen realisierbar. Die momentan eingesetzten Triebwerke Garrett TFE731, das Lycoming ALF 502

und das daraus entwickelte Honeywell LF 507 werden heute komplett von Honeywell Aerospace vertrieben und weiterentwickelt. Einziger Vertreter in der mittleren Schubklasse wird in naher Zukunft das von Pratt & Whitney vertriebene PW1000G sein, das derzeit in 4 Varianten entwickelt wird [17].

- *open rotor*-Konzepte
  Zusätzlich zum Einbau des Getriebes gab und gibt es Bestrebungen, das Nebenstromverhältnis noch weiter zu erhöhen, indem auf eine Ummantelung des Fans verzichtet wird. Triebwerke wie das Pratt & Whitney/Allison 578-DX zählen damit zu den *open rotor*-Konzepten. Allerdings gibt es auch *open rotor*-Konzepte wie das General Electric GE36, die ohne zusätzliches Getriebe auskommen, dafür aber gegenläufige Fan-Schaufeln aufweisen. Jedoch gibt es wiederum *open rotor*-Konzepte mit gegenläufigen Rotoren, die über ein Getriebe angetrieben werden [18]. Unabhängig von der Nutzung eines Getriebes oder der Gegenläufigkeit der Rotoren ist allen diesen Konzepten gemein, dass die Lärmentwicklung sowohl in der Kabine als auch im Umfeld des Flugzeugs wesentlich größer ist als in den Konzepten mit ummantelten Rotoren [4][14]. Zu diesem Aspekt wurden umfangreiche Untersuchungen durchgeführt und Lösungsvorschläge präsentiert, deren Umsetzung jedoch gleichzeitig angezweifelt wurde [19], so dass bisher nur das ukrainische Progress D-27 bis zur Zulassung entwickelt wurde. Dieses dient als Antrieb für ein militärisches Transportflugzeug und wird mittlerweile nicht mehr in Serie produziert [20]. Alle bisherigen Versuche, der Lärmentwicklung und der Gefahr durch den Verlust einer Fanschaufel bei diesen Konzepten entgegenzusteuern, mündeten entweder in schweren Schallisolierungen am verwendeten Flugzeugmuster [21] oder in ummantelten Rotoren wie dem *Counter Rotating Integrated Shrouded Propfan* (CRISP) von MTU [22] oder dem RB529 Contrafan von Rolls-Royce [12]. 1986 wurde geschätzt, dass bei einem *open rotor*-Konzept für eine Schallisolierung des Innenraums je Triebwerk mit einem Mehrgewicht von 1100 kg gerechnet werden muss [23]. Die Lärmentwicklung von offenen Rotoren ist bis heute ein Hindernis für die Markteinführung; durch zahlreiche Innovationen wird aber innerhalb der nächsten zehn Jahre ein konkurrenzfähiger Lärmpegel erwartet [20]. Die Probleme der Integration und der Sicherheit bei Verlust einer Rotorschaufel sind allerdings weitere Punkte, die einer erfolgreichen Vermarktung des Konzepts im Wege stehen könnten [12][21]. Mit der Verfügbarkeit neuer Technologien besteht dennoch die Möglichkeit, dass diese Konzepte erneut in den Fokus der Forschung und Entwicklung rücken [4]. Speziell Rolls-Royce arbeitet derzeit öffentlichkeitswirksam an einem zukünftigen *open rotor*-Konzept [24].

Die beiden Konzepte der separaten Fanwelle und der Erhöhung des Turbinendurchmessers beruhen im Wesentlichen auf bereits etablierten Triebwerkstypen und Randbedingungen. Das führt dazu, dass mittlerweile bei diesen beiden Konzepten nur noch ein geringes Innovationspotential vorhanden ist und für eine zukünftige Triebwerksgeneration andere Konzepte folgen müssen. Ein mögliches Nachfolgekonzept ist der Einsatz eines Getriebes zwischen Fan und Niederdruckturbine, im Englischen bekannt als *geared turbofan (GTF)*. In einer Optimierungsstudie der NASA wird für minimalen Treibstoffverbrauch und Lärm genau diese Konfiguration als Optimum berechnet. Der konventionelle, direkt angetriebene Turbofan (*direct drive turbofan (DDTF)*) bietet dort lediglich einen Vorteil im Gewicht, sobald aber nur ein zusätzlicher Parameter optimiert werden soll (beispielsweise die Stickoxid-Emissionen), wird erneut der *geared turbofan* als optimale Konfiguration genannt [25].

2 Konzept des Geared Turbofan

2.1 Erläuterung des Konzepts

Der Gesamtwirkungsgrad eines Triebwerks ist das Produkt aus thermischem Wirkungsgrad und Vortriebswirkungsgrad.

$$\eta_{ges} = \eta_{th} \cdot \eta_V \tag{1}$$

Die Steigerung des thermischen Wirkungsgrads erfolgt zum Einen über die Steigerung der Komponentenwirkungsgrade, zum Anderen über eine Erhöhung der Temperaturen des Gasturbinenprozesses und des Gesamtdruckverhältnisses des Triebwerks. Sowohl die Komponentenwirkungsgrade als auch die beiden letztgenannten Parameter werden allerdings begrenzt durch die derzeit verfügbaren Werkstoffe und Kühlmöglichkeiten [14]. Zur Steigerung des Vortriebswirkungsgrads wird für zivile Turbofans eine Erhöhung des Bypass-Verhältnisses angestrebt, gleichzeitig werden dadurch niedrige Fandruckverhältnisse bedingt, wenn der spezifische Brennstoffverbrauch gering gehalten werden soll [7, Kapitel 7.5]. Die Entwicklung des Bypass-Verhältnisses für Turbofans im kommerziellen Einsatz ist in Abbildung 2.1 über dem Jahr der Zulassung dargestellt. Dabei wurde keine Unterscheidung zwischen den verschiedenen Schubklassen gemacht, der Trend zu höheren Bypass-Verhältnisses zeigt sich also in allen Schubklassen.

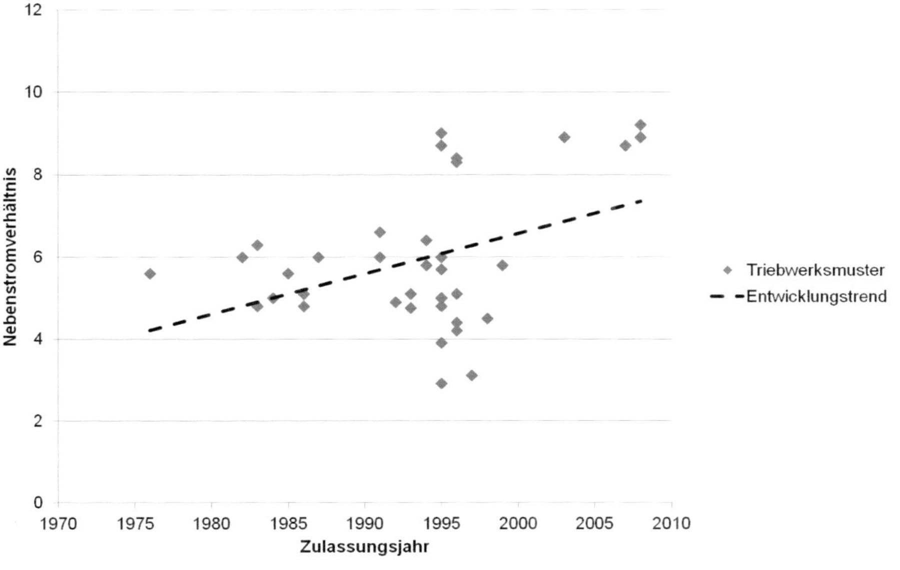

Abbildung 2.1: Entwicklung des Nebenstromverhältnisses ziviler Triebwerke

Es wurde bereits erläutert, dass ein größerer Fan im Fall eines direkt angetriebenen Turbofan die Leistungsabgabe der Niederdruckturbine reduziert bzw. eine längere Niederdruckturbine bedingt. Zusätzlich ist der größere Fan auch für ein größeres Drehmoment verantwortlich, das über die Niederdruckwelle übertragen werden muss. Somit muss aus Festigkeitsgründen der Durchmesser der Niederdruckwelle vergrößert werden. dieser ist wiederum durch den Innendurchmesser der Hohlwelle des Hochdruckteils begrenzt [7, Kapitel 4.4.2]. Das Konzept des *geared turbofan* sieht nun den Einsatz eines Untersetzungsgetriebes zwischen Niederdruckwelle und dem Fan vor. Dies soll beiden Komponenten eine optimale Drehzahl ermöglichen [26]. So bestechend einfach der Ansatz zu diesem Konzept ist, so komplex sind aber auch die Rückwirkungen auf die weiteren Komponenten des Triebwerks. Die offensichtlichsten Änderungen betreffen natürlich den Fan und den gesamten Niederdruckteil. Der Niederdruckteil wiederum gibt die Randbedingungen für den Hochdruckteil vor, so dass auch in den Hochdruckkomponenten mit veränderten Anforderungen zu rechnen ist. Nicht zuletzt wirken die veränderten Anforderungen zurück auf die restlichen Triebwerkssysteme, wie Lagerung und Fluidsysteme (Öl-und Luftsystem). Im Folgenden werden diese Änderungen kurz qualitativ dargestellt.

2.2 Auswirkungen des Konzepts auf die einzelnen Triebwerksteile

2.2.1 Fanbereich

Wie bereits erwähnt, wird der Durchmesser des Fans erhöht und die Drehzahl des Rotors gesenkt. Die sinkende Drehzahl des Fans hat unmittelbar positive Auswirkungen auf den emittierten Lärm: Die Strömung am Fan wird stabilisiert [7, Kapitel 4.8.2] und der Lärm reduziert [25]. Da sich die aerodynamische Auslegung der größeren Fanschaufeln nicht grundsätzlich von der eines konventionellen Turbofans unterscheiden wird, muss zunächst davon ausgegangen werden, dass sich das Gewicht des Fans erhöht. Auch das zusätzliche Lager, das für die nunmehr unabhängige Fanwelle benötigt wird [27] sowie die entsprechende Lagerkammer steigern das Gewicht der gesamten Komponente. Diesem Effekt kann derzeit nur mit Hilfe von neuen Werkstoffen und optimierten Konstruktionsverfahren begegnet werden [14]. Zukünftige Triebwerke könnten jedoch auch geänderte Konzepte für die Lagerung enthalten.

2.2.2 Niederdruckteil

Die Unterbrechung der direkten Kopplung von Fan und Niederdruckturbine durch ein Getriebe führt dazu, dass der Niederdruckteil (inkl. des Verdichters) schneller dreht als in einem konventionellen Turbofan. Gemäß der Eulerschen Hauptgleichung ist dadurch insgesamt eine höhere Leistungsabgabe möglich, [7, Kapitel 4.4.2] die sich durch deutlich höhere Stufenarbeiten als bei konventionellen Niederdruckturbinen realisieren lässt [28]. Aus dieser schnelleren Expansion der Heißgases folgt direkt eine kürzere Niederdruckturbine [29]. Während das IAE V2500 eine fünfstufige Niederdruckturbine aufweist, kommt das PW1000G mit nur drei Stufen aus [17]. Es ist offensichtlich, dass solch eine Verkürzung zu einer nicht unerheblichen Reduzierung der Anzahl der Bauteile führt. Als mögliches Maximum für die Reduzierung der Turbinenstufen wird von 70 % ausgegangen [26]. Eine Reduzierung von sechs auf drei Turbinenstufen entspricht dabei schon einer Differenz von rund 1500 Teilen [30]. Das wirkt sich nicht nur positiv auf das Gewicht des Triebwerks aus, sondern im Lebenszyklus eines Triebwerks auch auf den Instandhaltungsaufwand und somit direkt auf die Kosten von Inspektion und Wartung [26]. Rückwirkung der schnelllaufenden Niederdruckwelle ist aber auch der Zwang zur transsonischen Auslegung der Niederdruckkomponenten. Somit ergeben sich für diesen Turbinenteil nicht nur höhere mechanische Belastungen als in herkömmlichen Triebwerken, sondern auch höhere aerodynamische Beanspruchungen [7, Kapitel 4.8.2]. Zusätzlich muss sichergestellt werden, dass bei Teil- oder Komplettverlust einer oder mehrerer Turbinenschaufeln diese innerhalb des Gehäuses aufgehalten werden. Weiterhin muss beachtet werden, dass mit den höheren Heißgastemperaturen auch die Leitungen der Fluidsysteme in heißeren Umgebungen als in konventionellen Niederdruckturbinen eingesetzt werden [31]. Gerade in Bezug auf die Dichtungstechnik stellt dies erhöhte Anforderungen und erfordert auch veränderte Ansätze.

2.2.3 Hochdruckteil

Auswirkungen des Konzepts auf den Hochdruckteil sind zwar vorhanden, erfordern aber keine grundsätzlich neuen Ansätze bezüglich der Auslegung und Konstruktion. Im Wesentlichen muss der Hochdruckteil den geänderten Zu- und Abströmbedingungen angepasst werden; die Charakteristika der Strömung ändern sich aber für den Hochdruckteil nicht. Was sich jedoch ändern kann, ist der Innendurchmesser des Hochdruckteils, da auf Grund des geringeren Drehmoments der Niederdruckwelle diese einen kleineren Durchmesser aufweisen wird [31]. Dies wiederum reduziert insbesondere das Gewicht der Scheiben der Hochdruckturbine [28]. Somit sind für den Hochdruckteil auch höhere Drehzahlen als in konventionellen Turbofans möglich, was sich wiederum positiv auf den Wirkungsgrad auswirkt (vgl. Abschnitt 2.2.2).

2.2.4 Brennkammer

Auf die Brennkammer hat das Konzept des *geared turbofan* alleine keine direkten Auswirkungen. Natürlich ist es sinnvoll, im Zuge einer Neuentwicklung auch die Brennkammer zu überarbeiten, um nochmals eine Verbesserung zu erzielen. So verwendet das PW1000G eine von Pratt & Whitney im Rahmen des Programms TALON entwickelte Brennkammer, die auf dem Prinzip der *rich quick quench lean (RQL)*-Verbrennung beruht [32]. Bei diesem Prinzip folgt einer treibstoffreichen Verbrennung (*rich*) ein Bereich, in dem das entzündete Heißgas schnell mit einer großen Menge an Kühlluft vermischt wird (*quick quench*). Somit ist das Treibstoff-Luft-Verhältnis am Brennkammeraustritt nur noch gering (*lean*). Je geringer die Verweilzeit des Heißgases in der Hochtemperaturzone ist, desto geringer ist die Emission von Stickoxiden [8].

2.2.5 Gehäuse

Der Fan soll auch in diesem Konzept weiterhin von einem Gehäuse umgeben werden. Bedingt durch den größeren Fandurchmesser erhöht sich der Durchmesser des Gehäuses im Bereich des Fans. Allein schon der hierdurch erforderliche Mehrbedarf an Material wird zu einem höheren Gewicht des Gehäuses führen. Diesem Effekt muss zwar vorrangig auf der Ebene der Werkstoffe begegnet werden, aber unterstützend wirkt hier auch die Optimierung der Konturen auf die veränderte Aerodynamik einer im Durchmesser größeren Gondel [33]. Weiterhin muss das Gehäuse in einem Fehlerfall dem Aufprall der Rotorschaufeln standhalten. Für den gesamten Bereich der Niederdruckkomponenten muss aufgrund der höheren Umfangsgeschwindigkeit auch mit einer höheren Aufprallenergie der Schaufeln gerechnet werden [31]. Entsprechend muss das Gehäuse in diesem Bereich eine höhere Rüchhaltefähigkeit als in einem konventionellen Turbofan aufweisen. Für den Bereich des Fans muss dies allerdings nicht zwingend der Fall sein. Zwar werden die einzelnen Schaufeln aufgrund des größeren Durchmesser schwerer als in einem konventionellen Turbofan sein, aber die geringere Drehzahl des Fans vermindert die potentielle Aufprallenergie der Schaufeln.

2.2.6 Getriebe

Das Getriebe selbst ist integraler Bestandteil eines *geared turbofan* und ermöglicht erst die Entkopplung der Drehzahlen von Fan und Niederdruckturbine. Da dieses Bauteil bei konventionellen Turbofans nicht zum Einsatz kommt, erfolgt die Betrachtung erst an dieser Stelle.
Im Vergleich zum konventionellen Turbofan fällt sofort das zusätzliche Gewicht eines Reduktionsgetriebes auf. Dies stellt ein erhebliches Problem dar, insbesondere da es sowohl von der übertragenen Leistung als auch dem Untersetzungsverhältnis abhängig ist. Es kann daher davon ausgegangen werden, dass das Gewicht eines Getriebes dem *square cube law* [1] folgt [6]. In Abschnitt 6 werden verschiedene empirische Ansätze zur Bestimmung der Masse eines Getriebes vorgestellt. Hinsichtlich des Gewichts ist es nachvollziehbar, dass der Großteil der bisher umgesetzten *geared turbofans* ein Planetengetriebe beinhalten (vgl. Abschnitt 3). Diese Bauart ist für koaxiale Wellen die kompakteste und wird somit auch die leichteste Variante sein [34]. Der Schlüssel zu einem leichten Getriebe ist jedoch eine hohe Effizienz des Getriebes. Zwar mag ein Verlust von $0,8\ \%$ für hochmoderne Getriebe prozentual klein erscheinen, aber bei Leistungen, die weit über 27.000 kW hinausgehen, entstehen immer noch Wärmeleistungen von mehr als 200 kW. Je geringer also der Wirkungsgrad des Getriebes ausfällt, desto größer müssen die Fluidsysteme gestaltet werden, was wiederum das Gewicht des Gesamttriebwerks negativ beeinflusst. Nun lässt sich der Wirkungsgrad in einem Getriebe steigern, indem die auftretenden Verlustmechanismen minimiert werden. Zunächst sind dies die Schleif- und Abwälzkontakte zwischen den einzelnen Zähnen im Eingriff. Hier wird durch verschiedene Reibungseffekte Wärme generiert. Dazu kommen die Verluste aus der Rollreibung der Lager [35] sowie aus den beiden Effekten, dass das Öl verschäumt wird (*churning*) oder es wegen der hohen Drehgeschwindigkeit der Welle zu Reibungsverlusten zwischen den rotierenden Teilen und dem Öl aufgrund der turbulenten Grenzschicht an den rotierenden Teilen kommt (*windage*) [22]. Eine Möglichkeit, die Kontaktverluste zu senken, ist die Verwendung von Zahnrädern mit hoher Überdeckung. Die hohe Überdeckung reduziert die statischen und dynamischen Lasten, führt zu mehr Laufruhe und sorgt somit auch direkt für eine höhere Lebensdauer [36][37]. Da Schrägverzahnungen solche hohen Überdeckungen bieten, wurde diese Verzahnungsart auch verstärkt in Studien zu Getrieben hoher Leistung untersucht und erfolgreich in verschiedenen Turboprop-Getrieben eingesetzt (z.B. Rolls-Royce Tyne, Allison T56). Positiver Nebeneffekt der Schrägverzahnung ist die Reduzierung der Axiallasten auf die Lager der Welle [27]. Diese werden nun von den Lagern der Zahnräder aufgenommen und können dabei durch eine geeignete Anordnung der Zahnräder reduziert werden. Wird sogar eine Doppelschrägverzahnung verwendet, wirken keine Axiallasten auf

[1] Das *square cube law* sagt aus, dass bei einer proportionalen Vergrößerung eines Objekts dessen Oberfläche mit dem Quadrat des Proportionalitätsfaktors zunimmt, das Volumen hingegen kubisch.

die Lager der Zahnräder, was wiederum die Auslegungskriterien an die Lager senkt. Im Gegenzug müssen allerdings aufgrund der Randbedingungen zur Herstellung von Doppelschrägverzahnungen höhere Kosten und auch ein höheres Gewicht in Kauf genommen werden [13], wobei zumindest die Gewichtszunahme mit Hilfe von dynamischen Analysen und hochgenauer Fertigung minimiert werden kann [38]. Nicht zuletzt besteht bei einem Planetengetriebe mit Doppelschrägverzahnung speziell beim Außenring zusätzlich zu den grundsätzlichen Schwierigkeiten der Fertigung aufgrund des Durchmessers [34] auch immer ein Montageproblem, welchem jedoch mit einem geteilten Außenring begegnet werden kann [39]. Neben der Steigerung des Wirkungsgrads ist die Lebensdauer der entscheidende Faktor für den Einsatz eines Getriebes in Triebwerken. Eine Doppelschrägverzahnung trägt dazu bei, die Vibrationen im Getriebe zu dämpfen. Dies wiederum verringert die Gefahr eines Ausfalls und reduziert den Verschleiß der Zahnräder und damit die Wartungskosten erheblich [37]. Es muss zum Erreichen einer hohen Lebensdauer also sichergestellt werden, dass die Vibrationen im Getriebe minimiert werden und das dynamische Verhalten eines Getriebes möglichst genau vorhergesagt werden kann [40]. Hierbei muss auch die Lagerung der Zahnräder bedacht werden. Um die bereits genannten Vorteile einer Doppelschrägverzahnung optimal nutzen zu können, müssen die Zahnräder axiales Spiel haben. Zwar lässt sich dies auch mit Wälzlagern realisieren, diese stoßen jedoch gerade bei Betrachtung der Planetenräder an ihre Belastungsgrenzen, da hier die zentrifugale Belastung enorm ist [36][41]. Dieses Problem lässt sich zwar auch mit modifizierten Wälzlagern, die als integraler Bestandteil der Planetenräder ausgeführt sind, verringern [36], eine größere Entlastung bringt allerdings der Einsatz von Gleitlagern, insbesondere bei kleineren Durchmessern [39]. Da Gleitlager aber grundsätzlich einen Schmierfilm benötigen, muss ein hochverlässliches Ölsystem existieren [41]. Die zielgerichtete Gestaltung und Dimensionierung dieses Systems ist letztendlich Grundvoraussetzung für eine hohe Lebensdauer [30], ohne die ein Getriebe von den Luftverkehrsgesellschaften nicht akzeptiert werden würde. Genau dieser Punkt ist es auch, der lange Zeit die Entwicklung eines *geared turbofan* der mittleren Schubklasse unrentabel erscheinen ließ [12]. Die Erkenntnisse aus der Entwicklung solch eines Fluidsystems sind somit auch ein enormer Wettbewerbsvorteil, so dass es nicht verwundert, dass bis heute nur spärliche Informationen über die Fluidsysteme des PW1000G bekannt sind [30].

Bei der Betrachtung des Ölsystems eines Getriebes drängt sich die Frage auf, ob dieses autonom von den Fluidsystemen des restlichen Triebwerks operieren soll. Solch eine Konfiguration bietet unter anderem den Vorteil, dass ein Öl verwendet werden kann, dessen Eigenschaften und Wärmekapazität für das Getriebe optimiert wurden. Allerdings erfordert diese Lösung gleichzeitig die Strategie, dass das System zwischen zwei regulären Wartungsterminen versiegelt und dabei komplett funktionstüchtig bleibt [41]. In diesem System würden der Öltank als auch der benötigte Luft-Öl-Wärmetauscher (*air cooled oil cooler (ACOC)*) direkt an der Getriebeumhausung sitzen, so dass Zu- und Ableitungen so weit wie möglich vermieden werden würden. Dies spart zum Einen Gewicht, zum Anderen verringert sich mit der geringeren Teilezahl auch die Möglichkeit eines Fehlers [42]. Zusätzlich zum Luft-Öl-Wärmetauscher bietet sich gerade bei Getrieben hoher Leistung auch die Nutzung eines Brennstoff-Öl-Wärmetauschers[2] an. Dieser kann zwar aufgrund

[2]Die englischen Bezeichnungen variieren je nach Triebwerkshersteller: General Electric und Pratt & Whitney verwenden den Begriff *fuel oil heat exchanger* (FOHE), bei Rolls-Royce wird in Analogie zum Luft-Öl-Wärmetauscher der Begriff *fuel cooled oil cooler* (FCOC) bevorzugt. Beide Begrifflichkeiten

des bei hocheffizienten Triebwerken geringen Treibstoffmassenstroms nur unterstützend wirken [22], bietet aber eine weitere Effizienzsteigerung des Getriebes. Eine weitere Möglichkeit der Effiziensteigerung ist die Reduzierung von Verwirbelungsverlusten des Öls. Dazu muss zunächst betrachtet werden, dass ein Getriebe auf die maximal auftretende Leistung ausgelegt ist; diese wird aber nicht an jeder Stelle einer Mission abgerufen. Wie in Abschnitt 5 gezeigt wird, verringert sich die auf das Getriebe übertragene Leistung im Reiseflug erheblich. Somit sinkt auch der Bedarf des Getriebes an Kühlung. Bliebe nun während der gesamten Mission der Ölmassenstrom konstant, käme es aufgrund des viel zu hohen Ölmassenstroms zu enormen Verlusten durch *windage* und *churning* [36]. Eine bereits erprobte Lösung für dieses Problem ist ein Ölmassenstrom, der je nach Flugkondition angepasst wird. Zusätzlich wird auch die Entsorgungsrate angepasst, so dass stets eine optimale Kühlung bei minimaler Verwirbelung und Verschäumung gewährt ist. Insbesondere im Reiseflug hebt diese Technik die Effizienz des Getriebes deutlich an [43]. Zusätzlich können die Verluste durch Verschäumung reduziert werden, indem eine axiale Komponente in die Öldüsen für den Eingriff zwischen Sonnen- und Planetenrädern integriert wird [36]. Die Minimierung der beiden Verlustmechanismen *windage* und *churning* kann sogar so weit führen, dass das Öl für das Getriebe wesentlich schneller zirkuliert als gewöhnlich und somit auch (spezifisch betrachtet) weniger Wärme aufnimmt [44]. Unter dieser Voraussetzung ist es sogar möglich, das Ölsystem des Getriebes nicht mehr autonom auszuführen, sondern in das bereits vorhandene Triebwerksölsystem zu integrieren [45]. Als weiterer kritischer Aspekt seien hier die periodisch auftretenden Fehlausrichtungen innerhalb des Getriebes genannt. Grundsätzlich sind diese zu minimieren, da sie ein Haupteinflussfaktor für Probleme mit der Lebensdauer des Getriebes sind [43]. Allerdings treten Fehlausrichtungen selbst dann noch auf, wenn das Sonnenrad axial beweglich und die Aufhängung des gesamten Getriebes flexibel gestaltet ist, um die Lasten optimal aufzuteilen [39]. Die auftretenden Fehlausrichtungen können sowohl rein radial als auch schräg sein und stellen damit insbesondere an die Dichtungen des Fluidsystems enorme Anforderungen [46]. Dies muss zusätzlich zu den bereits hohen Anforderungen an die Dichtungen durch den großen Durchmesser [47] und die hohe Drehzahl der Niederdruckwelle [46] berücksichtigt werden.

2.3 Zusammenfassung der Auswirkungen

Es wird aus den vorherigen Abschnitten deutlich, dass die Grundidee eines *geared turbofan* zwar sehr trivial anmutet, die praktische Umsetzung jedoch zahlreiche Herausforderungen bereit hält. Der Übersichtlichkeit halber sind die hier dargestellten Auswirkungen noch einmal in Abbildung 2.2 zusammengefasst wobei jedoch zu beachten ist, dass es sich hier um eine rein qualitative Bewertung handelt. Eine Gewichtung der einzelnen Einflüße hinsichtlich ihrer Komplexität oder Umsetzbarkeit findet nicht statt. Zur Darstellung, wie das *geared turbofan*-Konzept bisher umgesetzt wurde, soll der Abschnitt 3 dienen, in dem die Geschichte dieses Konzepts anhand der ausgeführten Triebwerke kurz erläutert wird.

beschreiben jedoch das gleiche Bauteil.

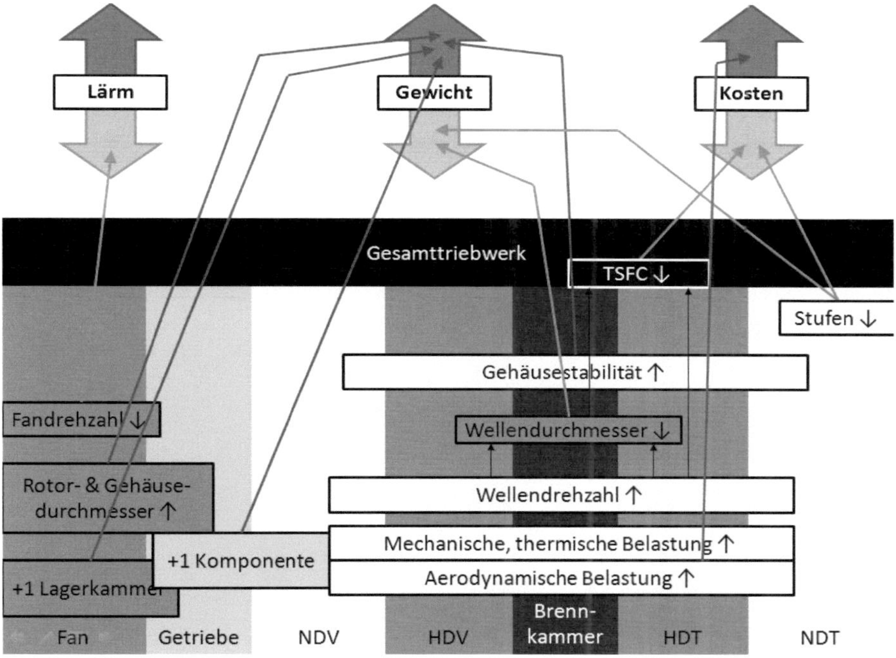

Abbildung 2.2: Quantitative Auswirkungen des *geared turbofan* Konzept

3 Zur Historie des Geared Turbofan-Konzepts

3.1 Aubisque & Astafan

Die ersten Verwendungen eines Getriebes zwischen Fan und Turbine lassen sich nach Frankreich zurückverfolgen. In den frühen 1960er-Jahren entwickelte Turboméca das Triebwerk Aubisque. Hier trieb eine zweistufige Turbine einen Radialverdichter und einen einstufigen Axialverdichter direkt an; der Fan wurde über ein geradverzahntes Getriebesystem mit dem Untersetzungsverhältnis von $2,18353$ angetrieben [48]. Als maximalen Schub konnte dieses Triebwerk 1543 lbf bis 1635 lbf ($6,9 - 7,3\ kN$) [48] [49] liefern. Eingesetzt wurde es als Lizenzfertigung von Volvo unter der Bezeichnung RM9 in dem schwedischen Trainer Saab Sk60[3] [50]. Bereits 1969 folgten die Testläufe des Triebwerks Turboméca Astafan, das gelegentlich als erster *geared turbofan* bezeichnet wird [49]. Wie die später aufkommenden Propfans verfügte bereits das Astafan über verstellbare Fanblätter [50] bei einem Bypass-Verhältnis zwischen 7 und 8. Es wurden verschiedene Versionen dieses Triebwerks entwickelt, da die wesentlichen Komponenten aus dem Triebwerk Astazou und seinen zahlreichen Varianten übernommen wurden. Je nach Variante lieferte das Astafan zwischen 1365 lbf ($6,1\ kN$) in der schwächsten Variante und bis zu 2250 lbf ($10\ kN$) in der stärksten Variante. Eine dreistufige Turbine trieb wie bereits beim Aubisque einen Radialverdichter sowie einen Axialverdichter an. Die Anzahl der Axialverdichterstufen variierte dabei je nach Version zwischen einer und drei. Wie auch das Aubisque besaß das Astafan nur eine Welle. Anstatt eines Stirnradgetriebes besaß das Astafan allerdings ein zweistufiges Planetengetriebe mit Schrägverzahnung [49]. Obwohl das Triebwerk erfolgreich getestet wurde und dabei auch die typischen Vorteile eines *geared turbofan* demonstrierte (geringe Lärmentwicklung und geringer Kraftstoffverbrauch), fand sich kein Abnehmer [50]. Ein möglicher Grund könnte in der Tatsache liegen, dass das Astafan als Triebwerk mit konstanter Umdrehungszahl konstruiert wurde. Die Regulierung der Schubleistung erfolgte dabei über die Menge des zugeführten Treibstoffs und die Verstellung der Fanblätter [49]. Dieses Regelungskonzept konnte sich allerdings in der kommerziellen Luftfahrt nicht durchsetzen.

3.2 ALF502 & LF 507

Zeitgleich zu den Entwicklungen von Turboméca modifizierte in den USA die Firma Lycoming ihr bis dahin in Helikoptern eingesetztes Wellenleistungstriebwerk T55. 1963 wurde das Triebwerk mit der Bezeichnung PLF1 vorgestellt, wobei dem Kerntriebwerk des T55 ein Fan mit Reduktionsgetriebe hinzugefügt wurde [50]. Das Triebwerk wurde dann sukzessive weiterentwickelt, so dass 1969 letztendlich der erste Testlauf des Triebwerks ALF502 stattfand. Obwohl das Triebwerk anfangs für bis zu 14 Flugzeugmuster als Antrieb im Gespräch war, kam es nur zu zwei dauerhaften Anwendungen: an der British Aerospace 146 und der ersten Variante der Bombardier Challenger 600 [50]. Eine weitere Anwendung, die jedoch aufgrund der Einstellung des Flugzeugprojekts entfiel, war das Bodenkampfflugzeug YA-9 von Northrop [51]. Im Gegensatz zum Aubisque und Astafan hat das ALF502 bereits zwei Wellen. Allen diesen Triebwerken gemein ist aber der Radial-

[3] Saab Sk60 ist die Bezeichnung der schwedischen Luftwaffe; die internationale Bezeichnung für dieses Flugzeug ist Saab 105.

verdichter, der beim ALF502 von einer zweistufigen Hochdruckturbine angetrieben wird. Der siebenstufige Niederdruckverdichter wird direkt von der zweistufigen Niederdruckturbine angetrieben, der Fan und der einstufige Booster über ein Planetengetriebe, das eine einfache Schrägverzahnung aufweist [52]. Bei einem Bypass-Verhältnis im Bereich von $5,7$ liefert das ALF502 bis zu 6900 lbf ($30,7$ kN) Schub [50]. Als Weiterentwicklung wurde 1993 das LF507 vorgestellt. Das Hauptaugenmerk lag dabei auf der Verbesserung der Zuverlässigkeit gegenüber dem ALF502 und der weiteren Vereinfachung der Wartung. Die Unzuverlässigkeit des ALF502 beruhte vor allem darauf, dass ein Wellenleistungstriebwerk als Kern diente. Die Beanspruchung mit kurzen, aber vielen Flugzyklen führte dazu, dass vor allem in den verschiedenen Scheiben die erwartete Lebensdauer nicht erreicht werden konnte und Anrisse auftraten. Zwar wurde die Grundarchitektur des ALF502 beibehalten, allerdings besitzt der Booster des LF507 zwei Stufen. Das Getriebe ist weiterhin als schrägverzahntes Planetengetriebe ausgeführt und besitzt ein Untersetzungsverhältnis von $2,3$. Als maximaler Schub sind 7000 lbf ($31,1$ kN) bei einem Bypass-Verhältnis von $5,3$ möglich [53]. Einzige Anwendung ist eine weiterentwickelte Variante der British Aerospace 146, bekannt als Avro RJ.

3.3 Garrett TFE731

Aus einem Hilfstriebwerk wurde das TFE731 entwickelt, dessen erster Testlauf auch 1969 erfolgte [50]. Wie die anderen bisher genannten Triebwerke besitzt auch dieses einen Radialverdichter. angetrieben wird der Radialverdichter von einer einstufigen Hochdruckturbine. Die vier Stufen des Niederdruckverdichters werden von einer dreistufigen Turbine angetrieben [51][52]. Diese Architektur zieht sich durch alle Varianten, die seit der Zulassung 1972 entwickelt wurden. Im Zuge der Weiterentwicklung stiegen auch der Maximalschub und das Nebenstromverhältnis. Während die Variante TFE731-2 noch 3500 lbf ($15,6$ kN) bei einem Bypass-Verhältnis von $2,66$ lieferte, stellt das TFE731-5 schon 4750 lbf ($21,1$ kN) bei einem Nebenstromverhältnis von $3,65$ bereit [50]. Das Planetengetriebe hat eine Untersetzung von $1,8$ mit geradverzahnten Zahnrädern [52]. Jüngste Variante ist das TFE731-50, vorgesehen für den Einsatz an der derzeit in Entwicklung befindlichen Hawker 900XP [54]. Mit mehr als 100 Millionen Stunden Flugzeit und mehr als 25 Anwendungen kann das Garrett TFE731 zu den Marktführern im Bereich der Geschäftsreiseflugzeuge gezählt werden [50].

3.4 Rolls-Royce/SNECMA MS45SD-02

Eine Variante des speziell für die VFW-Focker 614 entwickelten M45H war ein *geared turbofan*, der später auch als RB.410 bezeichnet wurde, jedoch nie in Serie ging. Die Testläufe begannen 1975 und waren vielversprechend, denn der spezifische Treibstoffverbrauch lag bei $0,32$ $lb/lbf \cdot h$ [55]. Bei einem Bypass-Verhältnis von $8,73$ waren bis zu 10.000 lbf ($44,5$ kN) Schub möglich [50]. Wie das ursprüngliche Triebwerk besaß das MS45SD-02 einen siebenstufigen Hochdruckverdichter, der von einer einstufigen Hochdruckturbine angetrieben wurde. Der fünfstufige Niederdruckverdichter wurde direkt von einer vierstufigen Niederdruckturbine angetrieben [56]. Der Fan, dessen Blätter verstellbar waren, wurde über ein schrägverzahntes Planetengetriebe [57] mit einer Untersetzung von $2,38$ angetrieben [50]. Trotz des damals konkurrenzlosen spezifischen Treibstoffverbrauchs und der Vermarktung als kurzstartfähig [57] blieb dieses Triebwerk ohne Anwendung.

3.5 IAE V2500 SuperFan

Pünktlich zur Entwicklung des Flugzeugmusters, das später der A340 wurde, entschied sich International Aero Engines (IAE) im Dezember 1986, einen *geared turbofan* auf der Grundlage des erfolgreichen V2500 zu entwickeln. Hierzu sollte der Kern des V2500 genutzt werden und statt des bisherigen Fans mit einem Durchmesser von $1,6\ m$ ein Fan mit $2,79\ m$ Durchmesser verwendet werden. Der Fan sollte verstellbare Schaufeln haben und über ein Reduktionsgetriebe mit einem Untersetzungsverhältnis von 3 angetrieben werden [58]. Die Technologie des Getriebes sollte aus dem Rolls-Royce Tyne Triebwerk stammen [59] und von Fiat Avio geliefert werden [60]. Entsprechend kann davon ausgegangen werden, dass hier auch eine einfache Schrägverzahnung angewendet worden wäre. Der maximale Schub des SuperFan sollte zwischen 25.000 lbf und 30.000 lbf ($111 - 133\ kN$) liegen [58] bei einem sehr hohen Nebenstromverhältnis von $17,5$ [60]. Weiterhin wurde davon ausgegangen, dass mit dem SuperFan eine Treibstoffeinsparung von 15 % gegenüber den damals verfügbaren Konkurrenzmodellen möglich war. Die Entwicklungskosten sollten sich in einem moderaten Rahmen bewegen, da alle neuen Komponenten des SuperFan nur aus bereits bestehenden Technologien bestanden hätten [58]. All diese Argumente überzeugten Airbus von diesem Triebwerk, so dass es schließlich als Primärtriebwerk für den A340 vorgesehen und sogar verkauft wurde [61]. IAE hatte den SuperFan auch Boeing für das Flugzeugmuster 7J7 angeboten, jedoch bevorzugte Boeing das General Electric GE36, einen Propfan. Diese Entscheidung wurde von Boeing am 7. April 1987 publik gemacht; 4 Tage, nachdem auch Nortwest Airlines Bestellungen für den A340 mit dem SuperFan Triebwerk unterschrieben hatte. Am selben Tag gab dann IAE bekannt, dass die Fertigstellung des SuperFan bis zum geplanten Diensteintritt des A340 im Frühjahr 1992 nicht möglich sei [58]. Obwohl das Projekt offiziell nur als verpätet bzw. verschoben angesehen wurde, sprachen die Medien von einer kompletten Einstellung des SuperFan [50]. Dies mag damals zwar nicht korrekt gewesen sein, jedoch ist mittlerweile klar, dass als Konsortium IAE nicht mehr an diesem Programm gearbeitet wird. Die genauen technischen Hintergründe für die Verschiebung sind bis heute nicht öffentlich bekannt geworden. Jedoch kann aus den in Abschnitt 5 gewonnenen Erkenntnissen abgeleitet werden, dass mit der unmodifizierten Übernahme eines bereits existierenden Kerntriebwerks Einschränkungen entstehen können, die umfangreiche Gegenmaßnahmen erfordern. Als Beispiel sei hier die später erläuterte Neigung zum Verdichterpumpen bei niedrigen Drehzahlen genannt. Wie im folgenden Abschnitt dargestellt, unterscheidet sich auch das PW1000G von seinem direkten Vorgänger vor allem im Hochdruckverdichter. Bei der Entwicklung des V2500 kam es genau in diesem Teil zu Schwierigkeiten [62]. Daher kann die Schlussfolgerung gezogen werden, dass der Kern des V2500 nicht geeignet war, um gleichzeitg als Kern eines *geared turbofan* zu dienen und diese Inkompatibilität zum Abbruch des Programms führte.

3.6 Vorgänger des Pratt & Whitney PW1000G

3.6.1 Pratt & Whitney/Allison 578-DX

Obwohl es sich beim 578-DX um einen Propfan handelte, ist es gewissermaßen der Urahn des PW1000G. Wie anhand der Literatur zum Abschnitt 2 erkennbar, stammt vor allem das Wissen rund um ein Getriebe hoher Leistung aus den Propfan-Projekten und den vorangegangenen Technologiestudien wie den beiden NASA-Projekten *Advanced Gearbox Technology (AGBT)* und *Advanced Prop-Fan Engine Technology (APET)*. Auch die schon genannten Nachteile der *open rotor*-Konzepte wurden durch das 578-DX und das direkte Konkurrenzprodukt, das General Electric GE36, gezeigt, so dass die strategische Entscheidung, statt eines Propfan einen *geared turbofan* zu entwickeln, auf die Erfahrungen aus dem 578-DX Projekt zurückgeführt werden kann [50]. Beim 578-DX trieb eine zweistufige Hochdruckturbine einen zehnstufigen Hochdruckverdichter an, die dreistufige Niederdruckturbine einen dreistufigen Niederdruckverdichter. Das Getriebe war ein differentiales Planetengetriebe mit Doppelschrägverzahnung, ausgelegt auf 13.000 SHP. Die beiden Fans mit einem Durchmesser von $11,6\ ft$ besaßen je sechs Schaufeln, wobei die beiden Schaufelreihen unabhängig voneinander verstellt werden konnten [63].

3.6.2 Advanced Ducted Propulsor (ADP)

Nach dem vorläufigen Scheitern des SuperFan 1987 konzentrierte sich eine der an IAE beteiligten Firmen - MTU - auf die Entwicklung eines ummantelten gegenläufigen Propfan, bekannt als CRISP. Das endgültige Ende für das 578-DX-Programm im Jahr 1989 mag dazu beigetragen haben, dass sich MTU, Pratt & Whitney und Fiat Avio zusammentaten, um gemeinsam am NASA-finanzierten ADP-Programm zu arbeiten [50]. Ziel dieses Programms war es, mögliche Technologien zur Treibstoffeinsparung für Langstreckenanwendungen zu erproben [4]. Das Getriebe mit einer Untersetzung von $3,7$ wurde von Fiat Avio hergestellt [64]. Der Kern des Triebwerks wurde von einem PW2000 übernommen [50]. Sowohl der schnelllaufende Niederdruckverdichter als auch die -turbine wurden von MTU entwickelt [14]. Der Fan mit seinen verstellbaren Schaufeln hatte einen Durchmesser von $118\ in$, wodurch sich ein Nebenstromverhältnis von 15 ergab. Der maximale Schub des Demonstrators betrug $53.000\ lbf$ ($236\ kN$) [50].

3.6.3 Pratt & Whitney PW8000

Offiziell wurde das Entwicklungsprogramm zum PW8000 im Februar 1998 gestartet. Der Kern dieses Triebwerks sollte vom PW6000 übernommen werden, so dass eine einstufige Hochdruckturbine einen fünfstufigen Hochdruckverdichter antreibt. Die schnelllaufende Niederdruckturbine sollte mit ihren 3 Stufen den Niederdruckverdichter antreiben, der ebenfalls aus 3 Stufen bestand. Als maximaler Schub waren $25.000 - 35.000\ lbf$ ($111 - 156\ kN$) anvisiert, das Nebenstromverhätnis von 11 sollte mit einem Fandurchmesser von $1,93\ m$ realisiert werden [65]. Dieser Schub lag deutlich unter den Zielen des ADP-Programms ($35.000 - 115.000\ lbf$ bzw. $156 - 512\ kN$), so dass nicht alle Technologien des ADP-Programms umgesetzt werden sollten. Sowohl der Verstellmechanismus der Fanschaufeln als auch die komplett aus Verbundwerkstoffen gefertigte Gondel wurden nicht in das PW8000-Programm übernommen. Während die Gondel schlichtweg zu

teuer war, ist für die Abkehr von den verstellbaren Fanschaufeln kein genauer Grund bekannt geworden [66]. Das Getriebe war nun nicht mehr wie noch 1993 auf 40.000 SHP (rund 29.800 kW) ausgelegt, sondern auf 32.000 SHP (rund 23.800 kW) und wog damit nur noch 220 kg. Die Zeit zwischen zwei Wartungsterminen mit Ausbau des Getriebes (*mean time between removal (MTBR)*) sollte 30.000 Stunden betragen [67] [44]. Während der Entwicklung des Getriebes wurde klar, dass 80 % der Wärmelast im Getriebe durch Verschäumung entsteht (vgl. Abschnitt 2.2.6). Die Lösungsstrategie bestand daher darin, sowohl die Verteilung des Öls auf die zu kühlenden und schmierenden Teile zu beschränken als auch die Verweilzeit des Öls in der Getriebekammer zu minimieren [65].
Obwohl die ersten Flugtests für das Jahr 2001 geplant waren, wurde unter der Bezeichnung PW8000 bis heute kein Triebwerk gebaut. Ein Grund hierfür mag sein, dass es für das PW8000-Programm zum Zeitpunkt des offiziellen Starts keinen einzigen Kunden gab [44].

3.6.4 Advanced Technology Fan Integrator (ATFI)

Das Technologieprogramm zum ATFI wurde während der Farnborough Air Show 2000 offiziell verkündet. Ziel war es, zusätzlich zu den Entwürfen für die hohe und mittlere Schubklasse (ADP und PW8000) einen weiteren *geared turbofan* - diesmal für die untere Schubklasse - zu validieren [28]. Der erste Testlauf des Demonstrators mit einem maximalen Schub von 12.500 lbf (56 kN) fand am 17. April 2001 statt [68]. Das Kerntriebwerk wurde aus dem Triebwerk PW308 übernommen; nach Validierung der neuen Technologien sollte das Triebwerk unter der Bezeichnung PW800 zwischen 10.000 lbf und 20.000 lbf (44 – 89 kN) Schub liefern [8]. Zwar existiert das PW800-Programm weiter und wird auch unter der Markenbezeichnung PurePower® vertrieben werden, allerdings ist dieses Triebwerk mittlerweile nicht mehr als *geared turbofan* konzeptioniert [69].

3.7 Pratt & Whitney PW1000G

Während der Farnborough Air Show 2006 wurde offiziell die Partnerschaft der Unternehmen Pratt & Whitney, MTU Aero Engines, Avio und Volvo Aero zur Entwicklung eines *geared turbofan* verkündet [70]. Bereits vor dem Absolvieren der Testläufe am Boden im Dezember 2007 konnte Mitsubishi Heavy Industries Ltd. mit dem Mitsubishi Regional Jet (MRJ) als Kunde gewonnen werden [71]. Den Flugversuchen an der firmeneigenen Boeing 747SP folgten Flugversuche an einem Airbus A340-600, da mittlerweile Bombardier als Kunde zugesagt hatte und auch Airbus Interesse an dem Konzept zeigte, das jetzt als PW1000G vermarktet wurde [45]. Seit 2009 wird das PW1000G als erstes Triebwerk der PurePower® Reihe von Pratt & Whitney vermarktet. Anfang des Jahres 2013 war das PW1000G für vier verschiedene Flugzeugmuster vorgesehen: Den MRJ, die CSeries von Bombardier, den A320neo und die Irkut MS-21. Dabei reicht die Spanne des maximalen Schubs von 15.000 lbf bis zu 33.000 lbf (67 – 147 kN) [17]. Diese enorme Spanne macht gleichzeitig deutlich, warum das Programm PW800 nicht mehr als *geared turbofan* konzipiert ist: Das PW1000G kann einen Großteil des geplanten Schubbereichs für das PW800 bereits abdecken. Dazu wird in der schubschwächsten Variante PW1500G, die für den MRJ vorgesehen ist, nur ein zweistufiger Niederdruckverdichter verwendet. Alle anderen Varianten sind mit einem dreistufigen Niederdruckverdichter versehen. Unabhängig davon wird der Niederduckverdichter immer von einer dreistufigen Niederdruckturbine angetrieben. Diese ist transsonisch ausgelegt, also schnelldrehend. Der Durchmesser des Fans beträgt je nach Variante 56 in, 73 in oder sogar 81 in. Der Hochdruckteil besteht aus einem achtstufigen Verdichter, der von einer zweistufigen Turbine angetrieben wird [17]. Diese Architektur ähnelt sehr stark jener des nie realisierten PW8000. Auffälligste Änderung ist neben der variierenden Anzahl der Stufen im Niederdruckverdichter der gesamte Hochdruckverdichter, der nun 8 statt 5 Stufen besitzt. Weiterhin besitzt das PW1000G eine variable Schubdüse, was für ein Triebwerk mit ziviler Anwendung ein ungewöhnliches Merkmal ist. Ein Grund für diese Schubdüse ist das geringe Druckverhältnis des Fans. Dadurch erhöht sich die Gefahr, dass eine Düse wie eine Drossel wirkt und den Fan ins Pumpen treibt [7, Kapitel 4.6.1]. Eine Möglichkeit, den Pumpgrenzenabstand zu erhöhen, ist die Blattverstellung [7, Kapitel 12.1.3], wie sie bereits in einigen der genannten *geared turbofans* umgestetzt wurde. Der modernere Ansatz ist jedoch die variable Düse für den Nebenstromkanal, die in der geöffneten Position einen hohen Massenstrom und somit einen hohen Vortriebswirkungsgrad erlaubt. Dies führt zu einer Treibstoffreduzierung von 10 % für diesen Flugzustand, während die Anpassung der Düsenaustrittsfläche für den Reiseflug auf eine Einsparung von bis zu 2 % gegenüber einer starren Düse führt [72]. Zusätzlich wird durch die angepasste Düse der Breitbandlärm reduziert, wobei diese Reduzierung sogar zunimmt, je langsamer der Fan dreht [73]. Die variable Düse des PW1000G ist während des Startvorgangs vollständig geöffnet und wird im Reiseflug bis zu 15 % geschlossen [30], Diese Winkel korrespondieren sehr gut mit den veröffentlichenten theoretischen Optimalwerten [72]. Das Getriebe des PW1000G ist für eine Leistung zwischen 30.000 SHP und 35.000 SHP ausgelegt [30].

4 Leistungssyntheserechnung

4.1 Programm

Zur Durchführung der Leistungsrechnung wird das Programm GasTurb^{TM} genutzt. Seit 1994 wurde das Programm von Joachim Kurzke entwickelt. In der vorliegenden Untersuchung wurde die Version 11 genutzt. Kurzkes erklärtes Ziel bei der Entwicklung des Programms war es, die Bedienung des Programms trotz des komplexen Umfangs einfach zu halten. Dazu wird auf vordefinierte Architekturen der verschiedenen Triebwerkskonfigurationen zurückgegriffen. Dabei sind zwar der Flexibilität und Anwendung insbesondere im Vor- und Detailentwurf Grenzen gesetzt, für generelle Studien zu Konzepten und zur Leistungsrechnung wird GasTurb^{TM} aber mittlerweile auch bei wissenschaftlichen Veröffentlichungen eingesetzt [74]. Analog zur Strategie im verwendeten Programm wird in diesem Abschnitt weitgehend auf Formelzeichen verzichtet, stattdessen werden die in GasTurb^{TM} verwendeten Bezeichnungen genutzt.

4.2 Eingabeparameter

4.2.1 Vorüberlegungen

Zunächst muss die Entscheidung getroffen werden, für welches Flugzeugmuster ein Triebwerk zu entwickeln ist. Derzeit können 78 % der weltweit eingesetzten kommerziellen Flugzeuge der Kategorie der *single-aisle* zugeordnet werden [75]. Die Muster dieser Flugzeugkategorie sind mit einem einzigen Mittelgang ausgestattet und besitzen üblicherweise zwei Triebwerke. Eingesetzt werden sie im Kurz- und Mittelstreckenbereich. Ausgehend davon, dass sich die absolute Zahl dieser Flugzeuge bis 2030 beinahe verdoppeln wird [75], fällt die Wahl hier auf dieses Segment der Flugzeugmuster. Am stärksten vertreten sind in diesem Segment die verschiedenen Varianten des Airbus A320 und der Boeing 737 (vgl. Tabelle 4.1). Entsprechend werden sowohl ein konventioneller Turbofan als auch ein *geared turbofan* auf diese Flugzeugmuster ausgelegt. Zusätzlich werden bei der Definition der Schubanforderungen auch die Modelle untersucht, für die aktuell die Triebwerksfamilie PW1000G zur Verfügung steht. Ausgehend von der verfügbaren Datenbasis in der Literatur wird als Auslegungspunkt für die beiden Triebwerke der Reiseflug mit Mach $0,8$ auf *flight level* 360 ($10.972,8\ m$) festgelegt, wobei keine Abweichnung von der ICAO Standardatmosphäre vorliegt.

4.2.2 Schub im Reiseflug

Aus den maximalen Abflugmassen kann die Schubforderung im Reiseflug abgeleitet werden [77]:

$$F_{cruise} = k_{ICA} \cdot \frac{MTOM \cdot g_0}{E} \qquad (2)$$

Hierbei ist E die Gleitzahl, definiert als das Verhältnis von Auftrieb zu Widerstand, das je nach Flugzeugmuster variiert. Für kommerzielle Flugzeuge kann hierfür ein Bereich zwischen 14 und 20 angenommen werden [77]. Die Tatsache, dass ein Flugzeug beim Erreichen der Reiseflughöhe bereits Treibstoff verbraucht hat und somit eine kleinere Masse als beim Start hat, wird über den Proportionalitätsfaktor $k_{ICA} = 0,98$ abgebildet. In Tabelle 4.1 sind die Bestellzahlen sowie die maximalen Startmassen verschiedener

Flugzeugmuster	Bestellungen	max. Masse beim Start $MTOM$ $[kg]$	Flügelfläche A_{wing} $[m^2]$
A320	4502	73.500 - 78.000	122,4
A318	83	59.000 - 68.000	122,4
A321	857	89.000 - 93.500	126
Boeing 737-600	69	56.245 - 65.090	125
Boeing 737-700	1655	60.330 - 70.080	125
Boeing 737-800	3634	70.535 - 79.015	125
Boeing 737-900	334	74.840 - 79.015	125
MS-21-300	}insgesamt 256 [76]	76.180	nicht bekannt
MS-21-400		87.230	nicht bekannt
CS100	33	54.930 - 58.150	112,3
CS300	57	59.785 - 63.320	112,3
alle Angaben nach [54]			

Tabelle 4.1: Daten zu Flugzeumustern der *single aisle* Klasse

Flugzeugmuster dargestellt. Zur Definition des Schubs im Reiseflug wurden je Familie zunächst nur die maximalen Startmassen der Varianten mit den höchsten Bestellungen berücksichtigt. Der benötigte Gesamtschub ist für diese Flugzeugmuster in Abhängigkeit der Gleitzahl in Abbildung 4.1 dargestellt. Dabei muss bedacht werden, dass eine genaue Aussage über die jeweilige Gleitzahl kaum möglich ist, da diese zum Einen individuell für jedes Flugzeugmuster ist und zum Anderen auch von der aerodynamischen Konfiguration des Flugzeugs (Klappen, Steuerausschläge) abhängt. Daher wird nun angenommen, dass alle analysierten Flugzeugmuster eine Gleitzahl von 16 für den Reiseflug erreichen können. Es ist zu erkennen, dass in diesem Fall ein Gesamtschub von 48 kN benötigt wird. Hierbei ist zu bedenken, dass für jedes Muster die schwerste Variante ausgewertet wurde; weiterhin kann eine Gleitzahl der Größenordnung 16 als eher konservative Schätzung für ein modernes Verkehrsflugzeug angesehen werden. Der vorgeschlagene Gesamtschub von 48 kN ist somit nicht riskant gewählt. Im Fall von zwei Triebwerken je Flugzeug kann also ein zukünftiges Triebwerk für einen Nettoschub von 24 kN ausgelegt werden.

$$\text{Design Net Thrust} = 24\ kN \tag{3}$$

Weiterhin ist in Abbildung 4.1 die Notwendigkeit der Familienbildung für ein zukünftiges Triebwerk zu erkennen: Die Muster A320, B737-800 und -900 sowie MS-21-300 stellen beinahe identische Schubanforderungen und können daher ähnliche Triebwerke mit nur geringen Modifikationen erhalten. Hingegen benötigen sowohl der Airbus A321 als auch das Irkut MS-21-400 ein schubstärkeres Triebwerk. Die kleineren Varianten der Boeing 737 sowie die Bombardier CSeries könnten dagegen mit einem schubschwächeren Triebwerk ausgestattet werden.

4.2.3 Nebenstromverhältnis und Massenströme

Aus den Betrachtungen in Abschnitt 1.2 folgte bereits, dass zukünftige Turbofans ein hohes Nebenstromverhältnis besitzen sollten. Nebenstromverhältnisse im Bereich von 10 bis 11 sind noch mit konventionellen Turbofans realisierbar [78], Beispiele dafür sind das

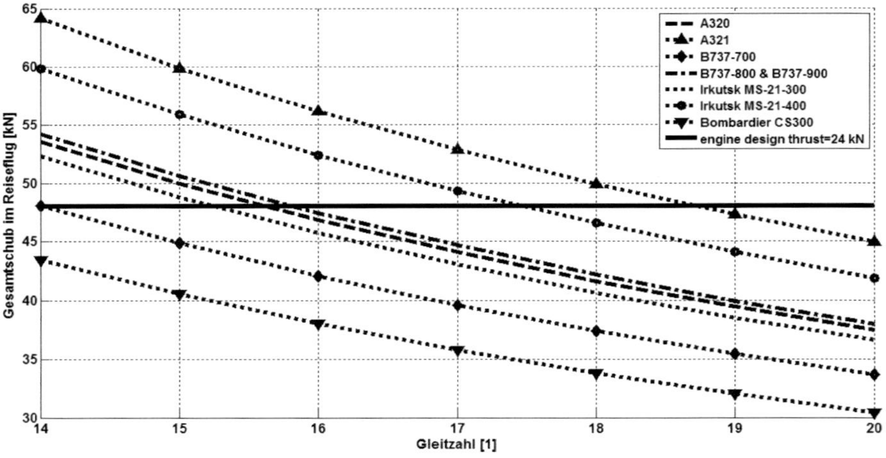

Abbildung 4.1: Mindestschub im Reiseflug für verschiedene Flugzeugmuster

Rolls-Royce Trent 1000 und das derzeit noch in der Entwicklung befindliche CFM Leap-X. Das PW1000G wird in den schubstärkeren Varianten ein Nebenstromverhältnis von 12 aufweisen [17]. Für die durchzuführende Leistungsrechnung wird das Nebenstromverhältnis für einen konventionellen Turbofan auf 6 festgelegt, denn höhere Nebenstromverhältnisse wie die oben genannten finden nur in der höchsten Schubklasse für Langstreckenflugzeuge Anwendung. Beim *geared turbofan* wird ein wesentlich größeres Nebenstromverhältnis von 12 angenommen. Es kann davon ausgegangen werden, dass die Technologie zur Herstellung eines großen Fans vorhanden ist, da auch die schubstärkeren Varianten des PW1000G dieses Nebenstromverhältnis aufweisen.

$$\text{Design Bypass Ratio} = \begin{cases} 6 \text{ für den DDTF} \\ 12 \text{ für den GTF} \end{cases} \tag{4}$$

Um in der hier vorliegenden Studie einen Vergleich der beiden Triebwerkskonzepte herausarbeiten zu können, wurde die Entscheidung getroffen, dass sowohl der konventionelle als auch der *geared turbofan* einen identischen Kern haben. Grund für diese Entscheidung war die Annahme, dass ein Triebwerkskern bereits vorhanden ist und nun lediglich die Fragestellung auftritt, ob diese Komponente entweder in einen konventionellen Turbofan oder einen Getriebeturbofan integriert wird. Ein anderer möglicher Ansatz ist die unabhängige Optimierung der beiden Triebwerksvarianten inklusive der Kerne [79]. Dies wird für den *geared turbofan* zu einem veränderten Hochdruckteil führen, da mit dem kleineren Wellendurchmesser des Niederdruckteils auch der Durchmesser der Hochdruckwelle sinkt. Um für diesen Fall jedoch verlässliche Aussagen zu erhalten, müsste eine Vorauslegung der einzelnen Komponenten durchgeführt werden, was über die Zielstellung dieser Untersuchung hinausginge. Auf dieser Grundlage wurde für beide Konzepte der identische reduzierte Massenstrom für den Hochdruckverdichter vorgegeben. Für ISA SLS wird diese Größe für ein vergleichbares Triebwerk mit 25 kg/s bei einer Umgebungstemperatur von

$ISA + 15\ K$ angegeben, der reduzierte Massenstrom am Einlauf wird mit $408,6\ kg/s$ angegeben [78]. Dies entspricht umgerechnet einem natürlichen Massenstrom von $398\ kg/s$, was nur geringfügig über den Vergleichswerten in Tabelle 4.2 liegt. Entsprechend wird auch hier der reduzierte Massenstrom für den Hochdruckverdichter auf diesen Wert festgelegt.

$$w_{25Rstd} = 25\ kg/s \tag{5}$$

Triebwerks-muster	Massenstrom am Einlauf w_2 $[kg/s]$	Nebenstrom-verhältnis [-]	100 % N1 $[U/min]$	100 % N2 $[U/min]$	Trocken-masse $m_{trocken}$ $[kg]$
CFM56-2B	370	6	5176	14.460	2139
CFM56-3C	312	5	5176	14.460	1966
CFM56-5A	386	6	5000	14.460	2331
CFM56-7B	355	5,1	5175	14.460	2386
V2522-A5	384	4,9	5650	14.950	2404
V2527-A5	384	4,75	5650	14.950	2404
V2528-D5	384	4,8	5650	14.950	2595
V2533-A5	384	4,4	5650	14.950	2404
Angaben nach	[54]		[80] [81] [82] [83]		

Tabelle 4.2: Daten ausgeführter, vergleichbarer Triebwerke

4.2.4 Wellendrehzahlen

Zur Bestimmung der Wellendrehzahlen für den konventionellen Turbofan wird auf die Daten in den Musterzulassungen der FAA zurückgegriffen. Als Vergleich sollen hier die Triebwerke CFM56 und V2500 dienen, deren Drehzahlen in Tabelle 4.2 angegeben sind. Für die Niederdruckwelle ergeben sich Drehzahlen im Bereich von 5000 U/min bis 5650 U/min, für die Hochdruckwelle liegen die nominellen Drehzahlen zwischen 14.460 U/min und 14.950 U/min. Wie bereits in Abschnitt 2 ausführlich erläutert, tendiert die Entwicklung bei konventionellen Turbofans eher zu einer niedrigeren Drehzahl der Niederdruckwelle. Ausgehend davon, dass in einem zukünftigen konventionellen Turbofan die Drehzahl der Niederdruckwelle sich dem Optimum des Fans nähert, wird die Drehzahl für die Leistungsrechnung im unteren Teil des genannten Bereichs festgesetzt. Da diese Einschränkung für den Hochdruckteil nicht existiert, wird hier die Drehzahl im oberen Teil des genannten Bereichs festgesetzt. Zu beachten ist, dass hier die Betriebsdrehzahlen für den Startfall angegeben sind. Für den Reiseflug wird davon ausgegangen, dass die Drehzahl der Hochdruckwelle 90% und die Drehzahl der Niederdruckwelle 95% beträgt. Bei der Betrachtung des *geared turbofan* wird die nominelle Drehzahl der Hochdruckwelle nicht verändert, die Niederdruckwelle wird hier aber wesentlich schneller drehen. Die Angaben in der Literatur zur nominellen Drehzahl für einen *geared turbofan* mit transsonischer Niederdruckturbine variieren stark. Die von McCune angegebene Drehzahl von 7280 $1/min$ [39] ist offensichtlich rein nach dem Gesichtspunkt der zu übertragenden Leistung festgelegt worden. Daher wird diese in die Betrachtung nicht miteinbezogen. Die nominelle Drehzahl für das

ATFI-Programm wird noch mit 10.000 U/min angegeben [29], im Rahmen des CLEAN-Programms war die Niederdruckturbine auf 8300 U/min ausgelegt, das PW8000 hätte eine Drehzahl von 9000 U/min aufgewiesen [84]. Für die Leistungsrechnung wird nun die nominelle Drehzahl der Niederdruckwelle im Bereich von 9150 U/min für den Startfall festgelegt. Die nominelle Drehzahl des Fans, deren Eingabe GasTurb^{TM} erfordert, beträgt somit 3050 U/min, sofern ein Untersetzungsverhältnis von 3 für das Getriebe angenommen wird. Auch hier wird für die Betrachtung des Reiseflugs davon ausgegangen, dass die Drehzahl der Niederdruckwelle ca. 95% beträgt.

$$\text{Nominal LP Spool Speed} = \begin{cases} 4960\ U/min & \text{für den DDTF} \\ 2900\ U/min & \text{für den GTF} \end{cases} \tag{6}$$

$$\text{Nominal HP Spool Speed} = 13.310\ U/min \tag{7}$$

4.2.5 Polytrope Wirkungsgrade

Zur Bestimmung der Wirkungsgrade der einzelnen Komponenten kann zum Einen eine Vorauslegung für beide Triebwerkskonzepte basierend auf dem Stand der Technik durchgeführt werden. Wie bereits angemerkt, ist diese Variante jedoch so umfangreich, dass hier darauf verzichtet wird und stattdessen auf die in der Literatur bereits verwendeten polytropen Wirkungsgrade zurückgegriffen wird. Hierbei ist dann zu beachten, dass die geometrischen Daten, die GasTurb^{TM} bereitstellt, nur bedingt aussagekräftig sind und letztendlich nicht in der Auswertung der Ergebnisse berücksichtigt werden können. Zur Bestimmung der polytropen Wirkungsgrade werden zunächst aus den Abbildungen 5.2.2.1, 5.2.2.28, 5.2.2.40, 5.2.3.1 und 5.2.3.12 in [1] die für das Jahr 2010 prognostizierten Minimal- und Maximalwerte abgelesen.

$$\eta^*_{pol,Fan} = 0,8913...0,9543 \tag{8}$$

$$\eta^*_{pol,Booster} = 0,8951...0,9280 \tag{9}$$

$$\eta^*_{pol,HDV} = 0,8967...0,9293 \tag{10}$$

$$\eta^*_{pol,NDT} = 0,9457...0,9734 \tag{11}$$

$$\eta^*_{pol,HDT} = 0,9213...0,9702 \tag{12}$$

Diese Bereiche gelten sowohl für konventionelle Turbofans als auch für solche mit Getriebe. Für eine Neuentwicklung eines konventionellen Turbofans wird der jeweilige arithmetische Mittelwert der Bereiche vorgeschlagen. Bevor diese Daten genutzt werden, müssen jedoch der Größeneinfluss und der Einfluss der Reynoldszahl berücksichtigt werden, da die Daten für einen korrigierten Durchsatz von $\dot{m}^*_{korr} = 70\ kg/s$ und einen Reynolds-Number-Index (RNI) von $RNI^* = 1$ angegeben sind. Der korrigierte Durchsatz entspricht dem in GasTurb^{TM} verwendeten reduzierten, auf ISA SLS referenzierten, Massenstrom w_{Rstd}. Die verwendeten Korrekturen für den Größeneinfluß und den Einfluß der Reynoldszahl lauten [1, Kapitel 5.2.1]:

$$\left(\frac{1-\eta_{pol}}{1-\eta_{pol}^*}\right) = \left(\frac{w_{Rstd}}{\dot{m}_{korr}^*}\right)^{-m} \text{mit} \begin{cases} m = 0,063 & \text{für Verdichter} \\ m = 0,236 & \text{für Turbinen} \end{cases} \quad (13)$$

$$\left(\frac{1-\eta_{pol}}{1-\eta_{pol}^*}\right) = \left(\frac{RNI}{RNI^*}\right)^{-n} \text{mit} \begin{cases} n = 0,14 & \text{für Fan und Booster} \\ n = 0,12 & \text{für Niederdruckverdichter} \\ n = 0,10 & \text{für Hochdruckverdichter} \\ n = 0,18 & \text{für Turbinen} \end{cases} \quad (14)$$

Station	Index	DDTF		GTF	
		w_{Rstd} $[kg/s]$	RNI $[-]$	w_{Rstd} $[kg/s]$	RNI $[-]$
Einlauf	2	»70	0,4	»70	0,4
Niederdruckverdichter	21	40	0,55	50	0,45
Hochdruckverdichter	25	25	0,8	25	0,8
Hochdruckturbine	41	4	1,5	4	1,5
Niederdruckturbine	45	15	0,55	15	0,5

Tabelle 4.3: Annahme zu Massenströmen und Reynoldszahlen

Die beiden Korrekturfunktionen wurden nun für jede Komponente angewandt, so dass sich die in den Abbildungen 4.2 bis 4.6 gezeigten Verläufe ergeben. Hier sind für jede Komponente der errechnete polytrope Wirkungsgrad in Abhängigkeit des standardisierten reduzierten Massenstroms bei konstantem RNI dargestellt. Grundsätzlich ist zu erkennen, dass ein höherer Massenstrom den polytropen Wirkungsgrad erhöht. Auch ein höherer RNI beeinflusst den polytropen Wirkungsgrad positiv.
In den Abbildungen sind zusätzlich die verwendeten polytropen Wirkungsgrade für die beiden Triebwerkstypen dargestellt. Zur Berechnung dieser diskreten Werte wurden die in Tabelle 4.3 genannten Massenströme und RNIs angenommen, die sehr nahe an den von GasTurb™ berechneten Ergebnissen dieser Größen liegen. Für die polytropen Wirkungsgrade im Niederdruckteil eines *geared turbofan* zeigen die ursprünglich verwendeten Abbildungen eine geringe Abweichung zu höheren Werten. Da die Datenbasis jedoch nur zwei Getriebeturbofans umfasst, ist die Aussagekraft begrenzt, so dass an dieser Stelle die Annahme getroffen wird, dass die polytropen Wirkungsgrade im Niederdruckteil um den Faktor $1,005$ höher liegen als beim direkt angetriebenen Turbofan. Wie sich bei der Betrachtung der letztlich verwendeten Werte zeigen wird, korrespondieren diese dann auch mit den Ergebnissen, die im Rahmen des ADP-Programms und des ATFI-Programms veröffentlicht wurden [85] [28]. Zunächst werden jedoch die nach [1, Kapitel 5.2] berechneten Werte analysiert. Dabei fällt auf, dass der Wert für die Niederdruckturbine im Vergleich zu anderer Literatur (vgl. Tabelle 4.4) sehr hoch sind. Wie bereits erläutert, kann eine detaillierte Aussage über den polytropen Wirkungsgrad nur auf der Basis einer Vorauslegung gemacht werden. Zur Berücksichtigung der verschiedenen Angaben in der Literatur werden im Folgenden daher für den direkt angetriebenen Turbofan die arithmetischen Mittelwerte der in Tabelle 4.4 genannten Werte verwendet. Im Fall des *geared turbofan* ergibt sich nach [1, Kapitel 5.2] ein Wert von $0,941$, Larsson verwendet hingegen den Wert

0,925 [79]. Auch hier wird das arithmetische Mittel verwendet, so dass sich schlussendlich folgende Werte ergeben:

$$\text{Polytr. Inner LPC Efficiency} = \begin{cases} 0,912 & \text{für den DDTF} \\ 0,917 & \text{für den GTF} \end{cases} \tag{15}$$

$$\text{Polytr. Outer LPC Efficiency} = \begin{cases} 0,917 & \text{für den DDTF} \\ 0,922 & \text{für den GTF} \end{cases} \tag{16}$$

$$\text{Polytr. IPC Efficiency} = \begin{cases} 0,900 & \text{für den DDTF} \\ 0,903 & \text{für den GTF} \end{cases} \tag{17}$$

$$\text{Polytr. HPC Efficiency} = 0,905 \tag{18}$$

$$\text{Polytr. HPT Efficiency} = 0,901 \tag{19}$$

$$\text{Polytr. LPT Efficiency} = \begin{cases} 0,922 & \text{für den DDTF} \\ 0,933 & \text{für den GTF} \end{cases} \tag{20}$$

Station	konventioneller Turbofan			
	[1] (2004)	[86] (2006)	[79] (2011)	[87] (2011)
Fan	0,912	0,899	0,924	0,880
Niederdruckverdichter	0,898	0,900	0,918	0,880
Hochdruckverdichter	0,905	0,900	0,925	n/a
Hochdruckturbine	0,902	0,890	0,906	0,920
Niederdruckturbine	0,936	0,900	0,910	0,920

Tabelle 4.4: Vergleich der polytropen Wirkungsgrade in verschiedener Literatur

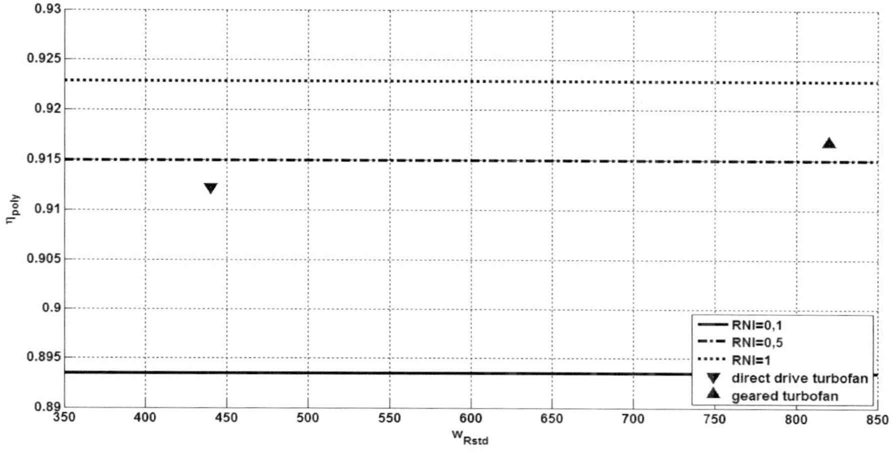

Abbildung 4.2: Abhängigkeiten des polytropen Wirkungsgrads für den Fan

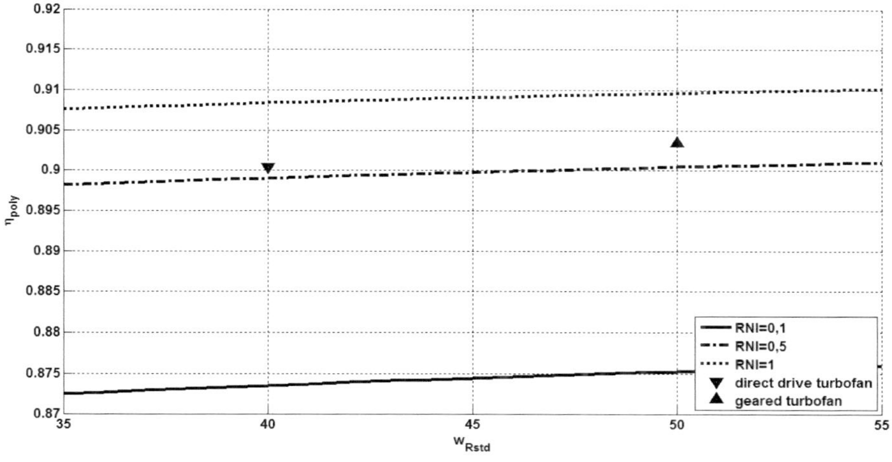

Abbildung 4.3: Abhängigkeiten des polytropen Wirkungsgrads für den Niederdruckverdichter

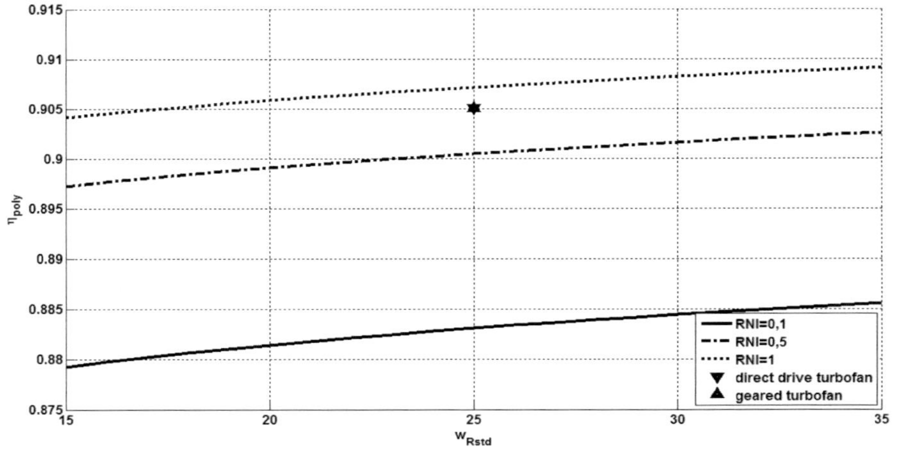

Abbildung 4.4: Abhängigkeiten des polytropen Wirkungsgrads für den Hochdruckverdichter

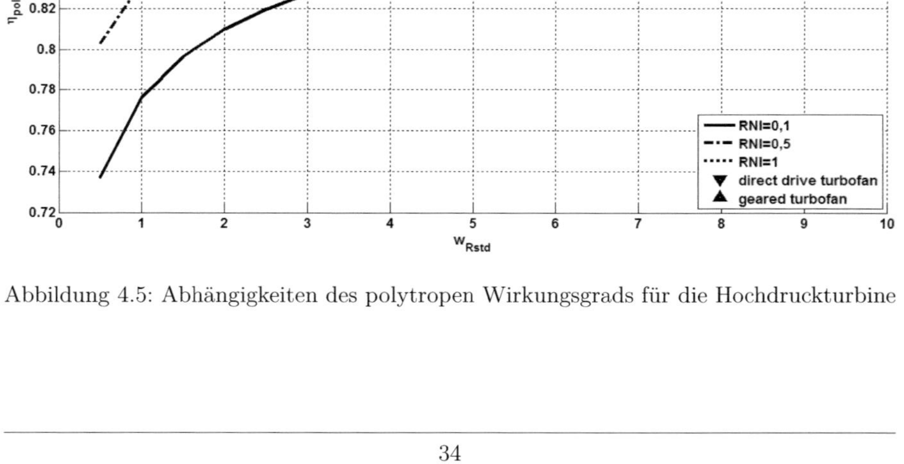

Abbildung 4.5: Abhängigkeiten des polytropen Wirkungsgrads für die Hochdruckturbine

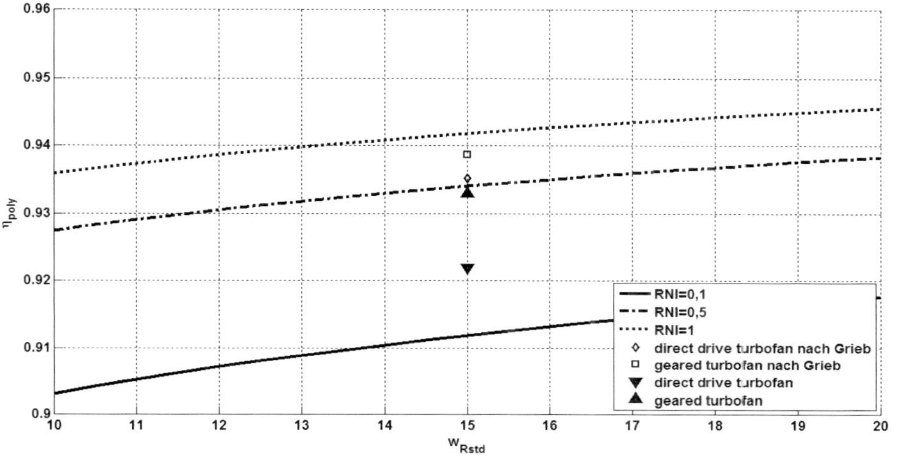

Abbildung 4.6: Abhängigkeiten des polytropen Wirkungsgrads für die Niederdruckturbine

4.2.6 Brennkammerparameter

Beide zu untersuchenden Triebwerke werden für den Reiseflug ausgelegt. Für das entsprechende *rating* MCR kann eine Turbineneintrittstemperatur von 1550 K als realisierbares Maximum angesehen werden [88].
Für den unteren Heizwert von handelsüblichem Jet A-1 geben die verschiedenen Hersteller unterschiedliche Werte an. In der Leistungsrechnung wird allerdings nur auf den geringsten der veröffentlichten Werte zurückgegriffen: $42,8\ MJ/kg$. Dieser liegt unter dem GasTurb^{TM}-Standardwert von $43,124\ MJ/kg$.
Für die Teillastkonstante und den Ausbrenngrad werden die von GasTurb^{TM} empfohlenen Werte übernommen.

$$\text{Fuel Heating Value} = 42,8\ MJ/kg \tag{21}$$

$$\text{Burner Exit Temperature} = 1550\ K \tag{22}$$

$$\text{Burner Design Efficiency} = 0,9995 \tag{23}$$

$$\text{Burner Partload Constant} = 1,6 \tag{24}$$

4.2.7 Druckverluste

Für die Verbindungskanäle zwischen den verschiedenen Triebwerkskomponenten kann ein Druckverlust von 1 % als typisch angenommen werden [1, Kapitel 5.5.4]. Der Druckverlust im Bypass- und im Turbinenabgaskanal kann mit den Angaben in Abbildung 5.5.12 in [1] sehr detailliert berechnet werden. Eine Auswertung dieser Daten mit üblichen Triebwerksparametern führt zu Druckverlusten im Bereich von 0,4 % bis 1,6 %. Für den konventionellen Turbofan werden ein Druckverlust von 1,5 % für den Bypasskanal und ein Druckverlust von 1,6 % für den Turbinenabgaskanal angenommen. Diese Werte liegen etwas über den aus den Daten in [1, Kapitel 5.5.3] berechneten Werten und sind somit mit dem Stand der Technik realisierbar. Gleiches gilt für die Annahmen für den *geared turbofan*; hier sind die Druckverluste im Bypasskanal jedoch geringer. Damit wird zum Einen die geringere Strömungsgeschwindigkeit und die daraus resultierende geringe Wandreibung an den aerodynamisch gestalteten Elementen (Kanalwände und Stützen) berücksichtigt. Zum Anderen reduziert der größere Durchmesser des Bypasskanals den Einfluss der sonstigen Einbauten wie Leitungen, Hebel und Sonden, die einen erheblichen Anteil an den Druckverlusten im Bypasskanal haben. [1, Kapitel 5.5.3]. Somit wird für den Druckverlust im Bypasskanal für den Getriebeturbofan nur ein Wert von 3 % statt 4 % wie beim konventionellen Turbofan angenommen. Der Druckverlust in der Brennkammer bewegt sich für beide Konzepte zwischen 4,5 % und 5,5 % [1, Kapitel 5.3.4.1]. Analog zur Festlegung der polytropen Komponentenwirkungsgrade wird auch hier der Mittelwert angenommen, der mit den Angaben in anderer Literatur übereinstimmt [86]. Für das Druckverhältnis im Triebwerkseinlauf wird ein realisierbarer Bereich von 0,95 bis 0,97 angegeben [7, Kapitel 4.1]. Auch hier wird davon ausgegangen, dass der größere Durchmesser des Einlaufs für den *geared turbofan* den Druckverlust gegenüber einem konventionellen Turbofan verringert. Es ergeben sich somit für beide Triebwerke folgende Druckverluste, ausgedrückt als Druckverhältnisse:

$$\text{Core Inlet Duct Press. Ratio} = 0,99 \tag{25}$$
$$\text{Compr. Interduct Press. Ratio} = 0,99 \tag{26}$$
$$\text{Turb. Interd. Ref. Press. Ratio} = 0,99 \tag{27}$$
$$\text{Burner Pressure Ratio} = 0,95 \tag{28}$$

Nur für den konventionellen Turbofan werden folgende Werte verwendet:

$$\text{Intake Pressure Ratio} = 0,96 \tag{29}$$
$$\text{Bypass Duct Pressure Ratio} = 0,985 \tag{30}$$
$$\text{Turbine Exit Duct Press Ratio} = 0,984 \tag{31}$$

Für den *geared turbofan* werden folgende Werte verwendet:

$$\text{Intake Pressure Ratio} = 0,97 \tag{32}$$
$$\text{Bypass Duct Pressure Ratio} = 0,989 \tag{33}$$
$$\text{Turbine Exit Duct Press Ratio} = 0,987 \tag{34}$$

4.2.8 Schubdüse

Für die Schubkoeffizienten der Düsen kann auf Bild 5.6.7 in [1] zurückgegriffen werden. Hier ist für die Düse des Bypasskanals der Bereich von 0,982 bis 0,992 und für die Düse des Kerntriebwerks der Bereich zwischen 0,956 und 0,989 angegeben. Zwar sind diese Koeffizienten abhängig vom jeweiligen Düsendruckverhältnis, für eine erste Leistungsrechnung wird diese Abhängigkeit aber zunächst nicht weiter beachtet. Stattdessen wird für die Berechnung beider Triebwerkskonzepte das jeweilige arithmetische Mittel verwendet.

$$\text{Core Nozzle Thrust Coeff} = 0,973 \tag{35}$$
$$\text{Bypass Nozzle Thrust Coeff} = 0,987 \tag{36}$$

Für den Winkel der Schubdüsen werden die von GasTurb™ für einen *geared turbofan* standardmäßig vorgegebenen Werte angewandt.

$$\text{Design Core Nozzle Angle} = 12° \tag{37}$$
$$\text{Design Bypass Nozzle Angle} = 15° \tag{38}$$

4.2.9 Luftsystem

Zunächst sollen hier die Daten für die Turbinenkühlung zusammengetragen werden. Diese beruhen im Wesentlichen auf den Ergebnissen des E^3-Programms der NASA aus den 1970er- und 1980er-Jahren. Vergleichbar detaillierte Angaben zu einem gesamten Kühlluftsystem sind nicht frei verfügbar, Publikationen zu diesem Themenkomplex befassen sich meist nur mit der Anwendung von Kühltechniken oder den Berechnungsmethoden für eine bekannte Architektur der Turbine. Innerhalb des Abschlussberichts zur Hochdruckturbine des E^3-Programms wird das Kühlluftsystem einer zweistufigen Hochdruckturbine detailliert erläutert [89]. Für die Leistungsrechnung wurde nun von einer einstufigen Hochdruckturbine ausgegangen, so dass die Angaben zur zweiten Turbinenstufe auf die Niederdruckturbine angewendet werden. Des Weiteren wurden die Kühlluftmassenströme in [89] durch einen Technologiefaktor von $1,1$ dividiert, was die Fortschritte in der Kühlungstechnologie seit 1982 abbilden soll. Für die Leckage aus dem Bypass-Kanal wird ein Wert von $0,3$ % angenommen. Für die Zapfluft muss eine Größenordnung von 3 % bis 4 % des Primärmassenstroms eingeplant werden [7, Kapitel 16.1.1]. Somit ergeben sich folgende Werte:

$$\text{Rel. HP Leakage to Bypass} = 0,360\ \%/1,1 = 0,33\ \% \tag{39}$$
$$\text{Rel. Overboard Bleed} = 4\ \% \tag{40}$$
$$\text{Rel. Enthalpy of Overb. Bleed} = 0,55 \tag{41}$$
$$\text{HPT NGV Cooling} = 6,30\ \%/1,1 = 5,73\ \% \tag{42}$$
$$\text{HPT Rotor Cooling Air} = 6,08\ \%/1,1 = 5,53\ \% \tag{43}$$
$$\text{LPT NGV Cooling} = 1,85\ \%/1,1 = 1,68\ \% \tag{44}$$
$$\text{Rel. Enth. LPT NGV Cooling Air} = 0,60 \tag{45}$$
$$\text{LPT Rotor Cooling} = 0,76\ \%/1,1 = 0,69\ \% \tag{46}$$
$$\text{Rel. Enth. of LPT Cooling Air} = 0,55 \tag{47}$$
$$\text{Rel. HP Leakage to LPT Exit} = 0,210\ \%/1,1 = 0,19\ \% \tag{48}$$
$$\text{Rel. Fan Overb. Bleed} = 0,3\ \% \tag{49}$$

4.2.10 Leistungsentnahme

Die Leistungsentnahme aus einem modernen Triebwerk ist erheblich. Ein Airbus A340 entnimmt bis zu 300 kW [7, Kapitel 4.8.6]. Mit dem Konzept des *more electrical engine (MEE)* bzw. *all electrical aircraft* kann davon ausgegangen werden, dass in Zukunft ein Großteil der kommerziellen Flugzeuge eine ähnlich hohe Leistungsentnahme aufweisen werden. Entsprechend wird bereits heute untersucht, wie sich Entnahmen bis zu 500 kW auf den Triebwerkskreisprozess auswirken [90], während vor 25 Jahren noch von 150 kW

ausgegangen wurde. Die hohe Leistungsentnahme beruht darauf, dass bei einem *all electrical aircraft* vorgesehen ist, die heute pneumatisch betriebenen Aktuatoren durch Elektromotoren zu ersetzen, so dass der Hilfsgeräteträger im Triebwerk samt seiner mechanischen Komponenten entfallen kann. Die benötigte Energie soll dabei durch Brennstoffzellen bereitgestellt werden [7, Kapitel 4.8.6]. Da nicht davon ausgegangen werden kann, dass geeignete Brennstoffzellen kurzfristig verfügbar sind, wird unter dem Konzept des MEE derzeit ein Triebwerk verstanden, dass statt der konventionellen getrennten Starter und Generator auf dem Hilfsgeräteträger einen kombinierten elektrischen Starter-Generator besitzt [26]. Langfristig sollen die heute verwendeten Wälzlager durch Magnetlager ersetzt werden, wodurch nicht nur das Ölsystem entfallen würde, sondern auch eine aktive Schwingungsdämpfung der Welle möglich wäre [7, Kapitel 4.8.6]. Auch ohne die Anwendung des MEE-Konzepts muss mit einer weiteren Steigerung der elektrischen Leistungsentnahme gerechnet werden. Hintergrund hierfür ist der stetig steigende Komfort für die Passagiere, realisiert durch elektronische Unterhaltung und warme Speisen bzw. kalte Getränke [7, Kapitel 4.8.6]. Unter Berücksichtigung dieser zukünftigen Anforderungen wird für die zu untersuchenden Triebwerke eine Leistungsentnahme von 275 kW für ein Mittelstreckenflugzueg festgelegt.

4.2.11 Mechanische Wirkungsgrade

Für den mechanischen Wirkungsgrad variieren die Werte zwischen $0,97$ und $0,98$ [7, Kapitel 14.2]. Für den Fall, dass Leistung entnommen wird, wird der mechanische Wirkungsgrad mit $0,97$ angegeben [86]. Somit wird für den konventionellen Turbofan ein Wert von $0,975$ für beide Wellen angenommen. Für den *geared turbofan* wird dieser Wert nur für die Hochdruckwelle verwendet. Im mechanischen Wirkungsgrad der Niederdruckwelle muss hier nun die Effizienz des Getriebes miteinbezogen werden. Die nach 1987 erreichbaren Effizienzen von Getrieben für Turboprop-Triebwerke wurden mit 1987 mit $89,9$ % angegeben [91]. Für potentielle Planetengetriebe mit einer Leistung von 10.000 SHP wurde ein Wirkungsgrad von $99,2$ % als realisierbar angenommen [91][47]. Trotz zunehmender Forschung auf diesem Gebiet werden dann kurze Zeit später die genauen Angaben verallgemeinert und nur noch ein Wert von über 99 % angegeben [33][34]. Für den Vorläufer des im PW1000G verwendeten Getriebes wird letztendlich ein Wert von $99,3$ % genannt [39], der nun für den Vergleich der beiden Triebwerkskonfigurationen verwendet wird. Dies verringert den mechanischen Wirkungsgrad der Niederdruckwelle für den *geared turbofan*.

$$\text{LP Spool Mechanical Efficiency} = \begin{cases} 0,975 & \text{für den DDTF} \\ 0,9682 & \text{für den GTF} \end{cases} \tag{50}$$

$$\text{HP Spool Mechanical Efficiency} = 0,975 \tag{51}$$

4.2.12 Druckverhältnisse

Die realisierbaren Arbeitsbereiche für die jeweiligen Komponenten lassen sich wie folgt angeben [7, Kapitel 10.6.1]:

$$\Pi_{Fan,m} = 1,5...1,7 \tag{52}$$
$$\Pi_{Booster} = 1,2...2,3 \tag{53}$$
$$\Pi_{NDV} = 2,5...4,5 \tag{54}$$
$$\Pi_{HDV} = 4,5...25 \tag{55}$$

Das Gesamtdruckverhältnis ausgeführter Triebwerke liegt dabei im Bereich zwischen 20 und 46 [7, Kapitel 4.2.1]. Für den Hochdruckverdichter wird nun für beide Konzepte von einem Druckverhältnis ausgegangen, dass dem MTU HDV12 entspricht. Dieser Verdichter ist ausgelegt für eine einstufige Hochdruckturbine und weist ein Druckverhältnis von $\Pi_{HDV} \approx 11$ auf [92].

$$\text{HP Compressor Pressure Ratio} = 11 \tag{56}$$

Für die Festlegung der restlichen Druckverhältnisse wird der Optimierungsalgorithmus von GasTurb^{TM} verwendet. Als Variablen dienen die Druckverhältnisse von Fan und Niederdruckverdichter bzw. Booster. Die einzuhaltenden Grenzen für die Optimierung sind in Tabelle 4.5 angegeben. Dabei bezeichnet $\Delta\Pi_{Fan}$ die Differenz zwischen dem Druckverhältnis auf Höhe des Bypasskanals und dem Druckverhältnis in der Nähe der Nabe.

$$\Delta\Pi_{Fan} = \text{Outer Fan Pressure Ratio} - \text{Inner Fan Pressure Ratio} \tag{57}$$

Nach der Rundung des optimierten Boosterdruckverhältnisses auf zwei Nachkommastellen wurde die Optimierung (ohne diesem Druckverhältnis als Variable) erneut durchgeführt. Hiernach wurden die beiden Fandruckverhältnisse ebenso auf zwei Nachkommastellen gerundet. Somit ergeben sich folgende Werte für die Druckverhältnisse:

$$\text{Inner Fan Pressure Ratio} = \begin{cases} 1,65 & \text{für den DDTF} \\ 1,22 & \text{für den GTF} \end{cases} \tag{58}$$

$$\text{Outer Fan Pressure Ratio} = \begin{cases} 1,89 & \text{für den DDTF} \\ 1,46 & \text{für den GTF} \end{cases} \tag{59}$$

$$\text{IP Compressor Pressure Ratio} = \begin{cases} 1,83 & \text{für den DDTF} \\ 2,22 & \text{für den GTF} \end{cases} \tag{60}$$

(61)

Gruppe	Parameter	Minimum	Maximum
Variable	Inner Fan Pressure Ratio	1,2	2,0
Variable	Outer Fan Pressure Ratio	1,2	2,0
Variable	IP Compressor Pressure Ratio	1,2	4,5
Grenze	Net Thrust	24	25
Grenze	Overall Pressure Ratio	20	46
Grenze	Ideal Jet Velocity Ratio	0,7	0,9
Grenze	$\Delta\Pi_{Fan}$	0,15	0,25
Ziel	Fuel Flow	X	

Tabelle 4.5: Optimierungsparameter

4.3 Ergebnisse der Leistungsrechnung im Auslegungspunkt

Die wesentlichen Ergebnisse der Leistungsrechnung sind in Tabelle 4.6 zusammengefasst. Der Unterschied im Nettoschub zwischen den beiden Triebwerkskonzepten ist vernachlässigbar gering, so dass die hier vorliegenden Ergebnisse direkt miteinander verglichen werden können. Beim Blick auf die Wirkungsgrade des Gesamttriebwerks ist klar zu erkennen, dass beim Konzept des *geared turbofan* der Vortriebswirkungsgrad gut 11 % größer ist als beim konventionellen Turbofan, während der thermische Wirkungsgrad beinahe identisch ist. Diese Verbesserung spiegelt sich direkt im Treibstoffverbrauch wieder. Eine Verringerung des schubspezifischen Treibstoffverbrauchs um $5,5$ % ist für den vorliegenden Fall vorhanden. Gleichzeitig wird dasselbe Schubniveau bei einem niedrigeren Gesamtverdichterdruckverhältnis erreicht.

Parameter	DDTF	GTF	Differenz Δ	Δ [%]
$w_{Rstd,2}$ $[kg/s]$	$435,073$	$737,290$	$302,217$	$+69,46$
Net Thrust $[kN]$	$24,06$	$24,07$	$0,01$	$0,00$
TSFC $[\frac{g}{kN \cdot s}]$	$18,4565$	$17,4376$	$-1,0189$	$-5,52$
Fuel Flow $[kg/s]$	$0,4441$	$0,4198$	$-0,0243$	$-5,47$
Stator Outlet Temperature $[K]$	$1500,54$	$1500,54$	$0,00$	$0,00$
Core Efficiency	$0,5072$	$0,5046$	$-0,0026$	$-0,51$
Propulsion Efficiency	$0,7502$	$0,8369$	$0,0867$	$+11,56$
Overall Pressure Ratio	$32,55$	$29,20$	$-3,35$	$-10,29$

Tabelle 4.6: Ergebnisse der stationären Leistungsrechnung

Der geringfügig verschlechterte thermische Wirkungsgrad des Getriebeturbofans ist der geringeren Düsenaustrittsgeschwindigkeit geschuldet. Diese beträgt hier nur noch 379 m/s gegenüber 470 m/s beim konventionellen Turbofan. Begründet ist dieser Unterschied in dem festgelegten Verhältnis der Kern- und Bypassdüsenaustrittsgeschwindigkeit (siehe Tabelle 4.5). Da für den *geared turbofan* die Strömungsgeschwindigkeit im Bypasskanal geringer ist, muss auch die Düsenaustrittsgeschwindigkeit geringer sein. Die daraus resultierende Verschlechterung des thermischen Wirkungsgrads wird jedoch vollständig durch den verbesserten Vortriebswirkungsgrad kompensiert. Wesentliche Voraussetzungen für die guten Ergebnisse des *geared turbofan* sind sowohl die hohe Effizienz des verwendeten

Getriebes als auch der hohe Wirkungsgrad der Niederdruckturbine. Zur Bestimmung des Einflusses dieser Parameter werden diese variiert, wobei die Grenzen der Optimierung (vgl. Tabelle 4.5) übernommen werden. In Abbildung 4.7 ist das Ergebnis dieser Parameterstudie dargestellt.

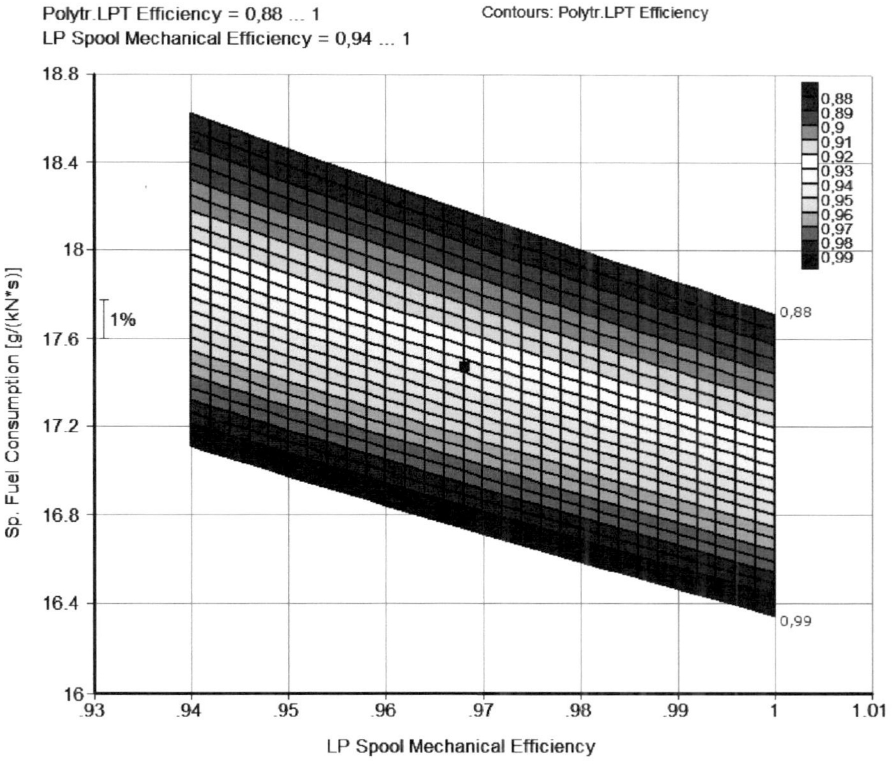

Abbildung 4.7: Paramaterstudie zu den Wirkungsgraden des Getriebes und der Niederdruckturbine

Dabei ist der schubspezifische Treibstoffverbrauch über dem mechanischen Wirkungsgrad der Niederdruckwelle aufgetragen, die Konturen bilden den polytropen Wirkungsgrad der Niederdruckturbine ab. Die Werte aus der ursprünglichen Rechnung sind als schwarzes Rechteck markiert. Hier ist deutlich zu sehen, dass bereits eine kleine Verringerung des polytropen Wirkungsgrades der Niederdruckturbine erhebliche Auswirkungen auf den spezifischen Treibstoffverbrauch hat. Wird nicht der oben angegebene Wirkungsgrad von 93,3 % verwendet, sondern derselbe Wert wie beim konventionellen Turbofan (92 %), so erhöht sich TSFC auf 17,6295 $\frac{g}{kN \cdot s}$. Dies ist jedoch immer noch eine Reduzierung von 4,5 % gegenüber dem konventionellen Turbofan. Die Auswirkung einer reinen Änderung des mechanischen Wirkungsgrads des Getriebes bewegt sich in einer ähnlichen

Größenordnung. Wird dieser Wirkungsgrad auf 99 % gesenkt, was einem gesamten mechanischen Wirkungsgrad der Niederdruckwelle von 0,9652 entspricht, so ergibt sich ein Treibstoffverbrauch von 17,5096 $\frac{g}{kN \cdot s}$, was in einer Reduzierung des Verbrauchs um 5,1 % gegenüber dem direkt angetriebenen Turbofan resultiert. Es ist also deutlich sichtbar, dass sowohl der Wirkungsgrad der Niederdruckturbine als auch der mechanische Wirkungsgrad des Getriebes essentiell für die Sparsamkeit des *geared turbofan* sind. Dennoch kann anhand dieser Ergebnisse davon ausgegangen werden, dass selbst bei nur geringfügig verbesserten Komponentenwirkungsgraden der *geared turbofan* ein Einsparpotential besitzt. Zu bedenken sind jedoch die Auswirkungen des Getriebewirkungsgrads auf die generelle Umsetzbarkeit des Konzepts, die in Abschnitt 2.2.6 bereits ausführlich behandelt wurden. Zur Untersuchung, welchen Einfluss der höhere polytrope Wirkungsgrad der Niederdruckturbine hat, wird an dieser Stelle noch eine sehr konservative Rechnung mit einem polytropen Wirkungsgrad von 0,9 durchgeführt. Der schubspezifische Treibstoffverbrauch für den *geared turbofan* beträgt in diesem Fall 17,9404 $\frac{g}{kN \cdot s}$. Selbst für diese vorsichtige Abschätzung des Wirkungsgrads, der klar unter dem Wert der konventionellen Niederdruckturbine liegt, ist der Treibstoffverbrauch des *geared turbofan* im Auslegungspunkt immer noch um 2,8 % geringer. Allerdings ist bereits in Abschnitt 2.2 zu erkennen, dass sich bei beiden Triebwerkskonzepten die einzelnen Komponenten stark unterscheiden. Daher wird sich auch das Betriebsverhalten der Gesamttriebwerke während einer Flugmission signifikant unterscheiden. Um dies in die Betrachtung miteinzubeziehen, wird in Abschnitt 5 eine Missionsanalyse durchgeführt.

4.4 Berücksichtigung der Startforderung

Für die in Abschnitt 4.2 bereits angesprochenen Flugzeugmuster wird nun ein notwendiger Startschub berechnet. Dies dient dazu, die verwendeten Parameter noch einmal auf ihre Eignung zu überprüfen. Sollte ein Triebwerkskonzept nicht den geforderten Standschub liefern können, müssen geeignete Parameter variiert werden. Zur Ermittlung des Startschubs dienen folgende Formeln [77]:

$$F_{net} \geq \frac{b_m \cdot MTOM}{1 - \frac{1}{2n_{TW}}} \tag{62}$$

$$\text{mit } b_m = \frac{\left(1,15 \cdot \sqrt{\frac{2 \cdot MTOM \cdot g_0}{\rho \cdot c_{A,max,start} \cdot A_{wing}}}\right)^2}{2s_1} \tag{63}$$

$$\tag{64}$$

Hierbei bezeichnet n_{TW} die Anzahl der Triebwerke, A_{wing} die Flügelfläche und s_1 die Startstrecke für das Balanced-Field-Konzept[4]. Ausgehend von den Werten für die Startstrecken der betrachteten Flugzeugmuster wird s_1 hier auf 2000 m festgesetzt [54]. Da die genaue Flügelfläche für die Irkut MS-21 nicht bekannt ist, wird dieses Muster nicht in die Betrachtung mit einbezogen. Für die restlichen Flugzeugmuster sind diese Daten bereits in Tabelle 4.1 hinterlegt. Der maximale Auftriebsbeiwert für den Startfall wird hier innerhalb des typischen Rahmens von 1,4 bis 2,0 [77] variiert. Es ergeben sich schließlich

[4]Das Balanced-Field-Konzept sieht vor, dass die Startstrecke und die Startabbruchstrecke im Fall eines Triebwerkausfalls gleich lang sind.

die Verläufe des erforderlichen Startschubs in Abhängigkeit des Flugzeugauftriebsbeiwerts wie sie in Abbildung 4.8 dargestellt sind. Wie zu erwarten, sinkt der benötigte Schub mit zunehmendem Auftriebsbeiwert. Hier ist sehr deutlich zu sehen, dass die Muster A320 und Boeing 737 beinahe identische Anforderungen haben, während das größte Flugzeug der A320-Familie, der A321, ein deutlich stärkeres Triebwerk erfordert. Im Gegensatz dazu steht die Bombardier CS300, die den geringsten Startschub der hier untersuchten Muster benötigt.

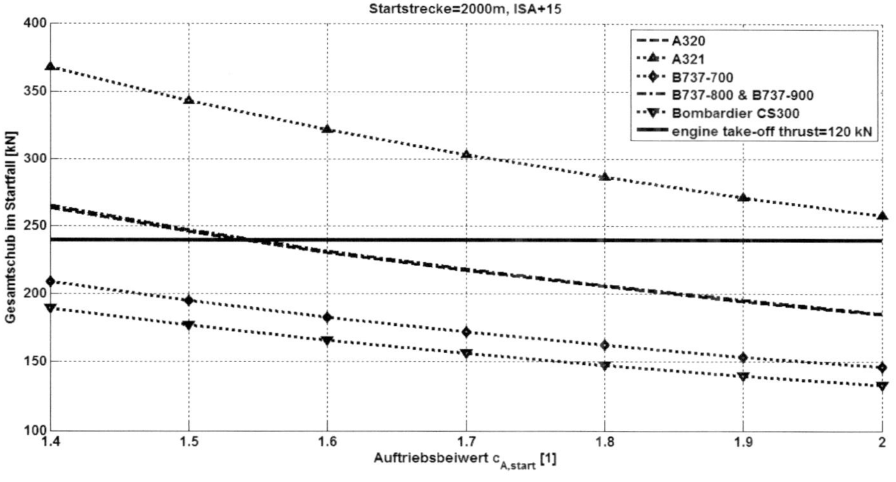

Abbildung 4.8: Erforderlicher Startschub für verschiedene Flugzeugmuster

Der Startschub je Triebwerk wurde nun auf 120 kN bei $ISA + 15\ K$ festgelegt, da dieser Wert nur geringe Anforderungen an die Aerodynamik der Flugzeugmuster stellt. Bereits ab einem Auftriebsbeiwert des Flugzeugs von $1,6$ können mit solch einem Triebwerk die schwersten Varianten der Muster A320 und Boeing 737 in die Luft gebracht werden. Innerhalb von GasTurb^{TM} wird nun im Rahmen einer Off-Design-Analyse unter Standschubbedingungen (ISA SLS+15 K, $Ma = 0$, $H = 0\ m$) ein gewünschter Nettoschub von 120 kN eingestellt. Für den konventionellen Turbofan ergibt sich daraus eine relative Drehzahl von 112% für die Hochdruckwelle und 102% für die Niederdruckwelle. Im Fall des *geared turbofan* sind die relativen Drehzahlen etwas geringer: Die Niederdruckwelle dreht mit einer relativen Drehzahl von 95%, die Hochdruckwelle mit 106%. Es mag nun zunächst überraschen, dass im *geared turbofan* die Niederdruckwelle unterhalb der Auslegungsdrehzahl dreht. Jedoch muss dabei in Betracht gezogen werden, dass es sich um eine schnelllaufende Welle handelt und die nominelle Drehzahl der *geared turbofan*-Welle (8223 U/min) somit immer noch weit über der Drehzahl der Niederdruckwelle des konventionellen Turbofans (5069 U/min) liegt. Entsprechend kann hieraus abgeleitet werden, dass zwar die maximale nominelle Drehzahl der Hochdruckwelle eines *geared turbofan* geringer ist als im konventionellen Fall. Im Gegenzug ist aber die nominelle Drehzahl der Niederdruckwelle immer höher. Weiterhin ist sichtbar, dass die maximale nominelle Drehzahl für den Niederdruckteil im *geared turbofan* nicht im Startfall auftritt, sondern während des Reiseflugs. Bei der Betrachtung der Turbineneintrittstemperatur fällt auf, dass beide Triebwerkskonzepte unter dem derzeitigen technologischen Maximum von 1850 K liegen [88]. Der *geared turbofan* weist eine Turbineneintrittstemperatur von 1642 K im Standschubfall auf, bis zum Abheben (Punkt 3 gemäß Abschnitt 5) steigt die Temperatur auf 1710 K. Dies sind geringere Werte als beim konventionellen Turbofan, für den eine Turbineneintrittstemperatur von 1761 K bzw. 1770 K für die beiden Flugphasen berechnet wurden. Insbesondere für den Standschub ist die Differenz von mehr als 100 K bemerkenswert. Hier zeigt sich, dass die thermische Belastung der Brennkammer und der Turbinen des *geared turbofan* etwas geringer ist. Gleichzeitig wird von diesen Komponenten aber eine höhere Dynamik verlangt. Einer Temperaturänderung von 10 K beim konventionellen Turbofan stehen 70 K Unterschied beim *geared turbofan* gegenüber. Dies ist auch nachvollziehbar anhand des Bruttoschubs für den Kern bzw. den Bypass. Im Standschubfall beträgt der Bruttoschub des Kerns für den Getriebeturbofan nur $10,18$ kN während dieser Anteil beim konventionellen Turbofan $17,48$ kN ausmacht. Entsprechend ist der Anteil des Nebenstroms beim Getriebeturbofan höher: $109,82$ kN statt $102,52$ kN. Während sich die Erhöhung der Bruttoschübe bis zum Abheben für den direkt angetriebenen Turbofan im Bereich von 10 % bewegt, müssen die Bruttoschübe des *geared turbofan* um mehr als 23 % erhöht werden. Ursache hierfür ist der wesentlich größere Durchmesser des *geared turbofan*, der einen höheren Eintrittsimpuls verursacht, dessen Überwindung den erhöhten Bruttoschub notwendig macht [7, Kapitel 5.2].

5 Missionsanalyse

Um das Einsparpotential eines *geared turbofan* einschätzen zu können, muss nicht nur die in Abschnitt 4 erläuterte stationäre Leistungsrechnung im Auslegungspunkt durchgeführt werden, sondern auch eine Analyse über die gesamte Flugmission. In dieser Studie werden zur Berechnung einer Flugmission repräsentative Punkte für die jeweiligen Flugzustände gewählt, so dass es hier durchaus zu Abweichungen gegenüber anderen Untersuchungen, insbesondere in den dynamischeren Zuständen wie Steig- und Sinkflug, kommen wird. Da hier jedoch beide Konzepte mit Hilfe derselben Methodik verglichen werden, kann diese vereinfachende Berechnungsmethode angewandt werden. Beide Konzepte werden hinsichtlich zweier verschieden langer Flugmissionen verglichen. Für die erste Mission soll eine Distanz von 2000 NM zwischen Start- und Zielflughafen zurückgelegt werden, für die zweite Mission ist eine Reichweite von 500 NM vorgesehen. Dies ist vergleichbar mit den Auslegungsreichweiten der betrachteten Flugzeugmuster und den typischen Missionen, für die diese Muster eingesetzt werden. Zusätzlich wird bei der kürzeren Mission von einem notwendigen Ausweichen auf einen anderen Flughafen und einer Warteschleife ausgegangen, um auch diese ungeplanten Fälle mit in die Bewertung der Konzepte einfließen zu lassen.

5.1 Definition der Flugprofile

5.1.1 Mittelstreckenmission

Für zwei Missionspunkte sind die bestimmenden Parameter bereits bekannt. Im Reiseflug beträgt die Höhe 10.972, 8 m bei einer Flugmachzahl von 0, 8. Für den Startfall wird von Meereshöhe ausgegangen (0 m) und einer Temperatur von 30° C (ISA SLS+15). Aus der Betrachtung des Startfalls ist weiterhin bekannt, dass die Abhebegeschwindigkeit $v_{liftoff}$ im Bereich von 81 m/s bis 109 m/s liegt, was im Mittel einer Flugmachzahl von 0, 27 entspricht. Für den schnellen Steigflug wird bei einer Flugmachzahl von 0, 4 von einer Steigrate von 914 m/min ausgegangen, ab einer Höhe von 2590, 8 m wird die Steigrate halbiert, die Flugmachzahl jedoch auf 0, 6 erhöht. Die letzte Phase des Steigflugs beginnt in einer Höhe von 7924, 8 m, in der die Flugmachzahl ein weiteres Mal erhöht wird, diesmal auf 0, 7 wobei die Steigrate auf 229 m/min reduziert wird. Ab einer Höhe von 10668 m wird die Flugmachzahl von 0, 8 beibehalten, gleichzeitig werden hier drei Flughöhen ausgewertet. Neben diesem Anfangspunkt sind das der Auslegungspunkt sowie ein Punkt in 11277, 6 m Höhe. Nach den drei Punkten, die den Reiseflug mit Wechsel der Flugfläche simulieren, wird ein schneller Sinkflug (Sinkrate: 1067 m/min) eingeleitet, wobei die Flugmachzahl nur noch 0, 7 beträgt. Ab einer Höhe von 9144 m wird eine geringere Sinkrate von 610 m/min gewählt und die Flugmachzahl weiter auf 0, 5 verringert. Für den Anflug des Zielflughafens wird von einer Flugmachzahl von 0, 36 ausgegangen. Zur Berechnung der einzelnen Zustandsdauern werden nun die Steigraten mit den jeweiligen Flughöhen verglichen und die Flugmachzahl auf die reale Fluggeschwindigkeit (TAS) umgerechnet.

$$TAS\,(H) = Ma \cdot \rho\,(H) \cdot \theta\,(H) \tag{65}$$

Daraus kann nun die zurückgelegte Entfernung und Höhendifferenz in der Steig- und Sinkphase berechnet werden. Die Differenz aus der Zielreichweite von 2000 NM und der während der Steig- und Sinkphase geflogenen Entfernung wird im Reiseflug zurückgelegt.

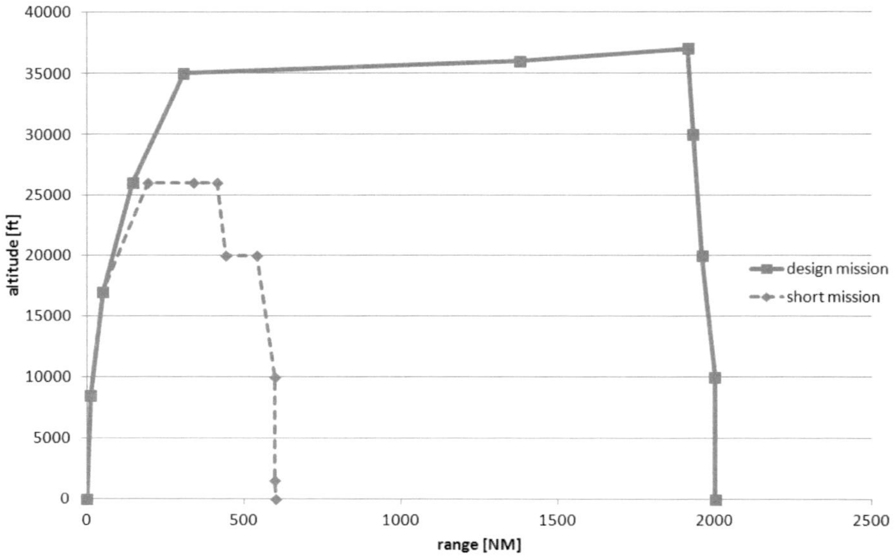

Abbildung 5.1: Flugprofile für die Missionsanalyse

Dabei wird angenommen, dass zwei Drittel dieser Strecke im Auslegungspunkt geflogen werden. Für die Zeit zwischen Terminalgebäude und Start- und Landebahnen werden 11 bzw. 5 Minuten eingeplant [20].

5.1.2 Kurzstreckenmission

Für die Kurzstreckenmission sind die Werte der ersten fünf Punkte identisch, der Start und der anfängliche Steigflug werden nicht verändert. Aufgrund der kürzeren Gesamtdistanz wird für dieses Flugprofil jedoch nicht mehr auf eine Reiseflughöhe von $10.972,8\ m$ gestiegen, sondern der Reiseflug wird in $7924,8\ m$ Höhe durchgeführt. Dementsprechend entfällt ein schnelles Sinken, stattdessen folgt auf den Reiseflug bereits eine Anflugphase mit einer Flugmachzahl von $0,5$. Im Unterschied zur Mittelstreckenmission wird bei der Kurzstreckenmission allerdings von einer Umleitung des Flugs ausgegangen. Der neue Zielflughafen befindet sich dabei in einer Entfernung von $100\ NM$. Für das Ausweichen wird noch einmal von einer höheren Flugmachzahl ausgegangen bei der die Flughöhe $6096\ m$ beträgt. Nach einer erneuten Anflugphase am neuen Zielflughafen muss das Flugzeug noch eine Viertelstunde lang eine Warteschleife mit einer Flugmachzahl von $0,2$ fliegen, die Flughöhe beträgt hierbei $457,2\ m$. Die Werte der beiden Flugprofile sind in Tabelle 5.1 noch einmal zusammengefasst. Hierbei wurde auf eine doppelte Nennung der ersten fünf Punkte verzichtet. Abbildung 5.1 zeigt den Höhenverlauf der beiden Missionen über der Zeit, was die Unterschiede der beiden Missionen verdeutlicht.

Missionspunkt	Beschreibung	Flugmachzahl	Höhe [m]	Temperaturabweichung [K]	Zustandsdauer [s]	Flugdistanz [NM]
1	taxi-out	0,05	0	15	660	n/a
2	runway start	0	0	15	11	n/a
3	lift-off	0,27	0	15	21	0
4	fast climb	0,4	2590,8	0	170	13
5	slow climb	0,6	5181,6	0	340	51
6M	efficient climb	0,7	7924,8	0	720	146
7M	initial cruise	0,8	10668	0	1080	309
8M	design point	0,8	10972,8	0	7096	1379
9M	final cruise	0,8	11277,6	0	3548	1914
10M	fast descent	0,7	9144	0	120	1930
11M	initial approach	0,5	6096	0	300	1958
12M	final approach	0,36	3048	0	600	1998
13M	touchdown	0,36	0	15	18	2000
14M	taxi-in	0,05	0	15	300	n/a
6K	initial cruise	0,8	7924,8	0	720	194
7K	main cruise	0,8	7924,8	0	1080	334
8K	final cruise	0,8	7924,8	0	979	404
9K	initial approach	0,5	6096	0	489	431
10K	diversion	0,6	6096	0	758	531
11K	final approach	0,36	3048	0	600	588
12K	holding	0,2	457,2	0	900	588
13K	touchdown	0,36	0	15	18	600
14K	taxi-in	0,05	0	15	300	n/a

Tabelle 5.1: Flugprofildaten für beide Flugmissionen

5.2 Bestimmung des Schubs je Zustandspunkt

Im vorherigen Abschnitt wurden die allgemeinen Parameter wie Flughöhe und Machzahl für zwei verschiedene Flugmissionen festgelegt. Für die Off-Design-Analyse der beiden Triebwerkskonzepte ist nun zusätzlich ein Parameter notwendig, der die verfügbare Leistung regelt. Zwar ist es bei realen Triebwerken üblich, diese Regelung über die Drehzahl der Niederdruckwelle vorzunehmen [7, Kapitel 16.2.3.2]. Aufgrund der unterschiedlichen Konzepte kommt solch eine Regelung hier aber kaum in Frage, da dies unweigerlich verschiedene Schübe der beiden Konzepte in denselbem Flugzustand zur Folge hätte. Entsprechend ist es zweckmäßig, hier für alle Flugzustände den erforderlichen Schub vorzugeben. Zur Ermittlung des notwendigen Schubs wird auf die Hilfsgröße des Drosselgrads zurückgegriffen. Dieser wird üblicherweise in Verbindung mit einem generischen Triebwerksmodell verwendet, um Teillastzustände darzustellen. Definitionsgemäß beträgt der Drosselgrad beim Start 1; für den Reiseflug kann ein Wert von $0,8$ verwendet werden [77]. Es wird nun angenommen, dass für einen konventionellen Turbofan die Drehzahl der Hochdruckwelle linear vom Drosselgrad abhängt. Mit den bereits bekannten Werten für die relative Drehzahl der Hochdruckwelle beim Start (112 %, vgl. Abschnitt 4.4) und im Reiseflug (100 %) ergibt sich der folgende Zusammenhang für den direkt angetriebenen Turbofan:

$$N2\,(DG)\,[\%] = 0,6 \cdot DG + 52\ \% \qquad (66)$$

Diese Beziehung wird nun genutzt, um für die gewählten Drosselgrade je Punkt (vgl. Tabelle 5.2) den zugehörigen Schub des konventionellen Turbofans zu ermitteln. In einem weiteren Schritt werden diese Werte so gerundet, dass sie als vorgegebener Schub für beide Triebwerkskonzepte dienen können. Dies ist für jeden Flugzustand der beiden Missionen durchzuführen.

Punkt	Drosselgrad	N2 [%]	Schub Berechnung	Schub Design
1	0,25	67	9,35	10
2	1	112	121,28	120
3	1	112	94,90	95
4	0,95	109	73,33	74
5	0,90	106	50,10	50

Punkt	Drosselgrad	N2 [%]	Schub Rechnung	Schub Design	Punkt	Drosselgrad	N2 [%]	Schub Rechnung	Schub Design
6M	0,85	103	35,06	35	6K	0,7	94	22,49	24
7M	0,8	100	24,76	24	7K	0,7	94	22,49	24
8M	0,8	100	24,05	24	8K	0,7	94	22,49	23
9M	0,8	100	23,08	23	9K	0,6	88	20,31	20
10M	0,75	94	21,58	21	10K	0,65	91	22,33	22
11M	0,6	88	20,31	20	11K	0,55	85	22,76	23
12M	0,55	85	22,76	23	12K	0,45	79	21,64	22
13M	0,4	76	10,12	10	13K	0,4	76	10,12	10
14M	0,25	67	9,35	10	14K	0,25	67	9,35	10

Tabelle 5.2: Schubanforderungen für die Flugmissionspunkte

Bei der Betrachtung des Verichterkennfelds für den Rollvorgang zur Startbahn ist sofort erkennbar, dass der Booster des direkt angetriebenen Turbofans ins Pumpen gerät. Abbildung 5.2 zeigt dafür zwei Arbeitslinien, bei der zweiten wurde bereits ein *bleed schedule* für den Booster eingesetzt. Hierbei sind die Ventile oberhalb einer reduzierten Drehzahl von 55 % geschlossen und unterhalb von 40 % werden dann bis zu 25 % des Massenstroms abgeblasen. Deutlich ist zu erkennen, dass hierdurch zwar das Pumpen des Boosters verhindert wird, jedoch besitzt der Hochdruckverdichter immer noch keinen ausreichenden Pumpgrenzenabstand, wie in Abbildung 5.3 zu sehen ist. Hieraus ergibt sich bereits der Zwang, variable Geometrien im Fall eines Vorentwurfs zu verwenden. Für die Leistungsrechnung zeigt sich jedoch, dass der Betriebsbereich unterhalb einer reduzierten Drehzahl von 60 % der Hochdruckwelle nicht simuliert wird. Entsprechend wird auf dieses Problem hier nicht weiter eingegangen. Die gefüllten Kreise in den Verdichterkennfeldern markieren Punkte, in denen die Rechnungen nicht konvergiert sind. Allerdings ist dies auf das bereits bei höherer reduzierter Drehzahl stattfindende Pumpen zurückzuführen, so dass dies an dieser Stelle ebenso ignoriert wird. Analog zum konventionellen Turbofan wird nun der *geared turbofan* auf den Pumpgrenzenabstand im Bodenfall überprüft. In Abbildung 5.4 ist zu sehen, dass auch hier der Booster ins Pumpen gerät. Erneut wird ein *bleed schedule* eingeführt, bei dem allerdings im Maximalfall bis zu 30 % des Massenstroms abgeblasen werden. Oberhalb einer reduzierten Drehzahl von 63 % sind die Ventile dabei vollständig geschlossen, unterhalb einer reduzierten Drehzahl von 43 % sind die Ventile vollständig geöffnet. Beim *geared turbofan* besitzt der Hochdruckverdichter zwar einen größeren Pumpgrenzenabstand, gerät aber auch bei sehr niedrigen Drehzahlen ins Pumpen. Analog zum direkt angetriebenen Turbofan wird dies aber im Rahmen dieser Untersuchung vernachlässigt. Für alle Fälle, in denen sich das Flugzeug nun nicht mehr am Boden befindet, ist kein Abblasen von Verdichterluft nötig. In Tabelle 5.2 sind schließlich die Ergebnisse der Rechnungen noch einmal zusammengetragen. Nachdem sowohl die Flugbedingungen als auch der erforderliche Schub bekannt sind, kann für jeden Punkt der Mission eine Off-Design-Analyse für beide Triebwerkskonzepte durchgeführt werden.

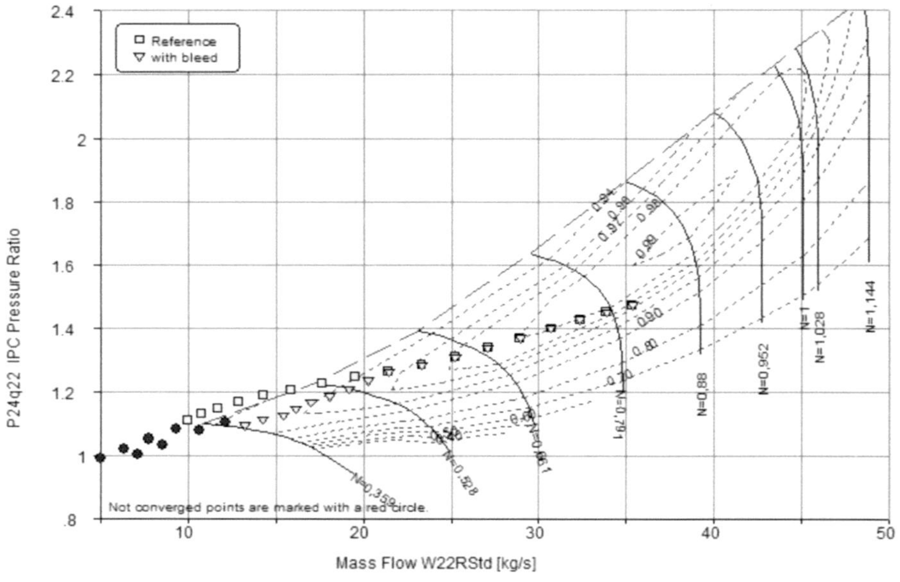

Abbildung 5.2: Kennfeld des Boosters für den konventionellen Turbofan

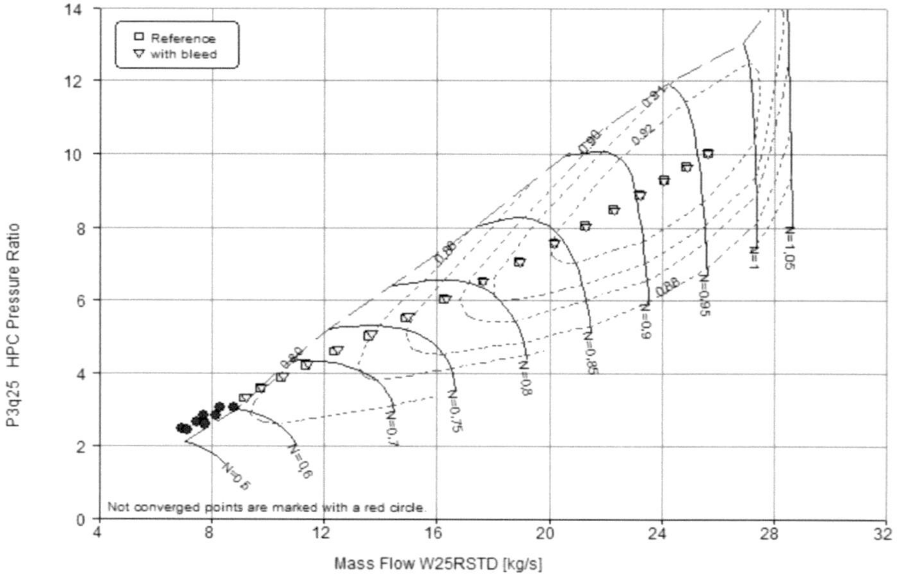

Abbildung 5.3: Kennfeld des Hochdruckverdichters für den konventionellen Turbofan

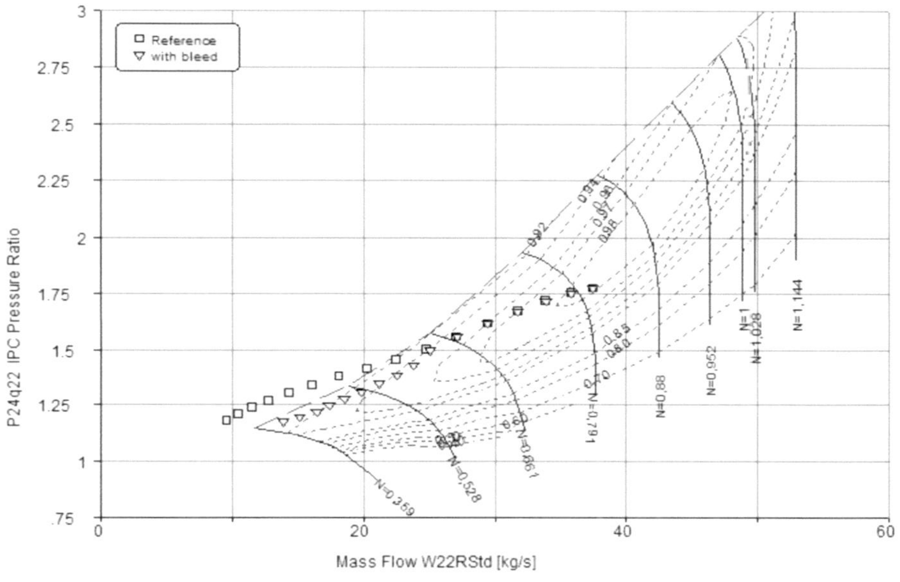

Abbildung 5.4: Kennfeld des Boosters für den *geared turbofan*

5.3 Ergebnisse der Missionsanalyse

Der Treibstoffmassenstrom für jeden Missionspunkt wird nun für beide Triebwerkskonzepte berechnet. Zusammen mit der jeweiligen Zustandsdauer aus Tabelle 5.1 kann somit der tatsächliche Treibstoffverbrauch ermittelt werden. Diese Werte und die daraus folgende Treibstoffeinsparung sind in Tabelle 5.3 aufgeführt. Die Abbildungen 5.5 und 5.6 visualieren die aufgeführten Daten noch einmal. Für jeden analysierten Missionspunkt ist der absolute Treibstoffverbrauch für die beiden Konzepte direkt nebeneinander dargestellt. Zusätzlich ist auf der zweiten Ordinate die prozentuale Einsparung des *geared turbofan* je Missionpunkt eingetragen. Die Skalierung dieser Achse ist - im Gegensatz zu der Skalierung des absoluten Treibstoffverbrauchs - in beiden Abbildungen identisch, so dass diese Balken direkt vergleichbar sind. Deutlich zu sehen ist zunächst, dass der *geared turbofan* gerade für den Start- und Steigvorgang sehr viel bessere Werte für den Treibstoffverbrauch aufweist. Zwischen 8 % und 22 % Treibstoffeinsparung gegenüber dem direkt angetriebenen Turbofan ist für diese Phasen möglich. Bei der Mittelstreckenmission sind Start- und Steigvorgang für 14 % des Gesamtverbrauchs verantwortlich, bei der Kurzstreckenmission steigert sich dieser Anteil sogar auf 17 %. Für die Rollvorgänge liegt die Einsparung für beide Mission bei unter 1 %. Im Fall der Mittelstreckenmission werden 3 % des gesamten Treibstoffs für die Rollvorgänge verbraucht, im Reiseflug hingegen 77 %. Hier bewegt sich die Einsparung je Flugzustand zwischen 4 % und 5 %. In der abschließenden Sink- und Anflugphase werden in den verschiedenen Flugzuständen nur noch etwa 4 % Treibstoff eingespart. Diese Phasen machen 6 % des gesamten Treibstoffverbrauchs aus. Sowohl die jeweiligen Einsparungen als auch deren Anteil am Gesamtverbrauch weisen bei der

Kurzstreckenmission signifikant andere Werte auf. Es ist einleuchtend, dass aufgrund der geringeren Reichweite der Anteil des (annähernd) horizontalen Reiseflugs am gesamten Verbrauch niedriger ist; im vorliegenden Fall beträgt er nur noch 42 %. Zusätzlich ist auch die Verbrauchsreduzierung in den einzelnen Flugzuständen geringer. Die Einsparung je Zustand liegt zwischen 2 % und 3 %. Die Sink- und Anflugphase umfasst im Fall der Kurzstreckenmission auch die Umleitung sowie die Warteschleife und macht somit 35 % des gesamten Treibstoffverbrauchs aus. Die Einsparung je Flugzustand bewegt sich hier zwischen 1 % und 4 %. In beiden Missionen ist zu erkennen, dass der *geared turbofan* für den vorletzten Missionspunkt, der das Aufsetzen und Bremsen am Zielflughafen darstellen soll, einen höheren Treibstoffmassenstrom als der direkt angetriebene Turbofan aufweist. Dieser Zustand ist jedoch zeitlich von so kurzer Dauer, dass er keine signifikanten Auswirkungen hat.

Insgesamt ergibt sich durch den *geared turbofan* ein Einsparpotential von 6 % auf einer Mittelstreckenmission und 4 % auf einer Kurzstreckenmission mit Ausweichen und Warteschleife. Werden nun das Ausweichen und die Warteschleife bei der Kurzstreckenmission ersatzlos gestrichen, so kann sogar eine Einsparung von 5 % auf der Kurzstreckenmission erreicht werden. Hier ist zudem deutlich der Einfluss des Auslegungspunktes zu erkennen. Während der Kurzstreckenmission wird dieser nicht erflogen, somit fällt die Einsparung niedriger aus. Eine Optimierungsmöglichkeit wäre dadurch gegeben, indem der Auslegungspunkt des Triebwerks eher der Kurzstreckenmission angepasst wird als der Mittelstreckenmission. Weiterhin ist der Einsatz von variablen Geometrien denkbar, wobei hier zunächst nur variable Leitschaufeln (*variable stator vanes (VSVs)*) betrachtet werden. Diese würden insbesondere während des Rollens am Boden den Treibstoffverbrauch verbessern, aber auch während der niedrig geflogenen Warteschleife das Triebwerk effizienter gestalten. Da sich die Randbedingungen für die VSVs in den beiden Triebwerkskonzepten grundlegend unterscheiden, wäre hier eine separate Anpassung an das jeweilige Konzept notwendig, so dass keine generelle Aussage über die Größenordnung der Verbesserung getroffen werden kann. Zeitgleich mit der Einführung von VSVs ist das Abblasen der Verdichterluft zu überprüfen und zu optimieren. Diese Maßnahmen sind für beide Konzepte durchführbar, um den hier vorgenommenen Vergleich noch aussagekräftiger zu machen. Die Grundtendenz wird sich durch diese Maßnahmen jedoch nicht ändern. Unter der Annahme eines gemeinsamen Kerns wird der *geared turbofan* stets sparsamer sein als ein auf dem gleichen Technologielevel befindlicher direkt angetriebener Turbofan. Je nach Mission und Auslegungspunkt kann die Treibstoffeinsparung dabei mehr als 6 % betragen.

mission point	DDTF *fuel flow* [kg/s]	DDTF *fuel burn* [kg]	GTF *fuel flow* [kg/s]	GTF *fuel burn* [kg]	*fuel burn reduction* [%]
1	0,1981	130,746	0,1966	129,756	-0,76
2	1,2870	14,157	0,9985	10,984	-22,42
3	1,3533	28,419	1,1621	24,404	-14,13
4	1,1357	193,069	0,9820	166,940	-13,53
5	0,8597	292,298	0,7893	268,362	-8,19
6M	0,6240	449,280	0,5869	422,568	-5,95
7M	0,4406	475,848	0,4186	452,088	-4,99
8M	0,4427	3141,399	0,4184	2968,966	-5,49
9M	0,4253	1508,964	0,4018	1425,586	-5,53
10M	0,3760	45,120	0,3598	43,176	-4,31
11M	0,3463	103,890	0,3320	99,600	-4,13
12M	0,3803	228,180	0,3624	217,440	-4,71
13M	0,2886	5,195	0,3044	5,479	5,47
14M	0,1981	59,430	0,1966	58,980	-0,76
Mittelstreckenmission		6675,996		6294,330	-5,72
6K	0,4692	506,736	0,4567	493,236	-2,66
7K	0,4692	459,347	0,4567	447,109	-2,66
8K	0,4535	221,762	0,4430	216,627	-2,32
9K	0,3464	62,352	0,3320	59,760	-4,16
10K	0,4059	307,672	0,3918	296,984	-3,47
11K	0,3803	228,180	0,3624	217,440	-4,71
12K	0,4323	389,070	0,4260	383,400	-1,46
13K	0,2886	5,195	0,3044	5,479	5,47
14K	0,1981	59,430	0,1966	58,980	-0,76
Kurzstreckenmission		2898,433		2779,467	-4,1

Tabelle 5.3: Vergleich des Treibstoffverbrauchs

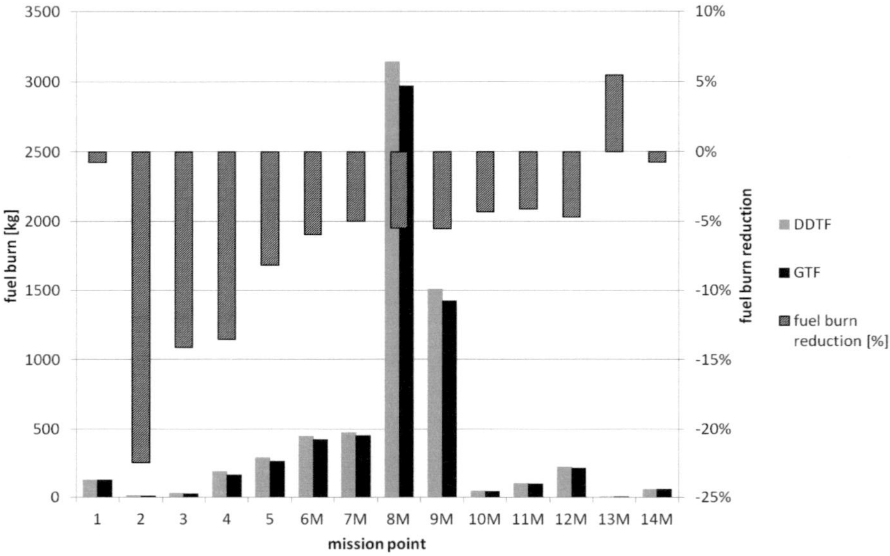

Abbildung 5.5: Treibstoffverbrauch während der Mittelstreckenmission

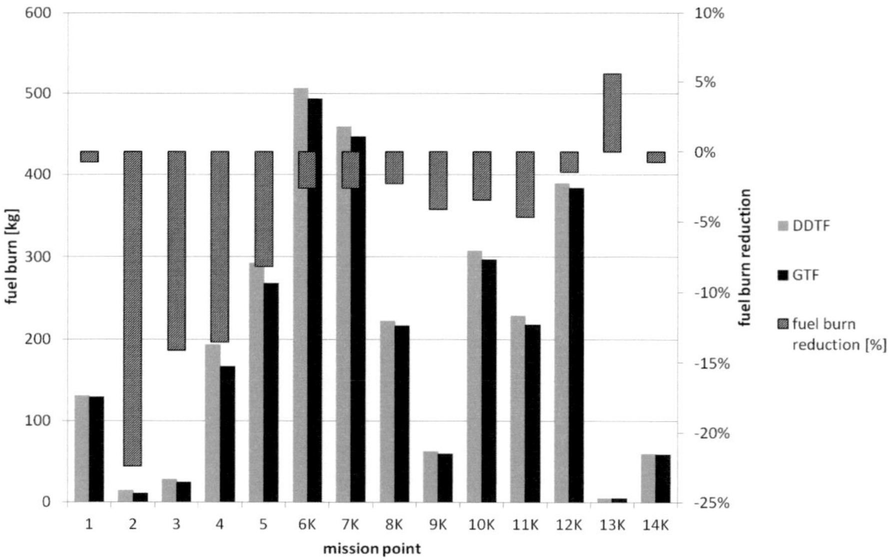

Abbildung 5.6: Treibstoffverbrauch während der Kurzstreckenmission

5.4 Mögliche Optimierungen

Das hier berechnete Einsparpotential von 6 % für eine Mittelstreckenmission weicht erheblich von dem prognostiziertem Wert von 15 % für das PW1000G ab [93]. Als Vergleich für diese Prognose des Herstellers diente das Triebwerk CFM56-7B der Boeing 737-Reihe. Da die Erstzulassung dieses Triebwerks im Jahr 1996 erfolgte [94], ist diese Einsparung nicht unmittelbar anwendbar auf den im vorliegenden Buch durchgeführten Vergleich, da hier von einem gemeinsamen Technologielevel beider Triebwerkskonzepte ausgegangen wurde. Nichtsdestotrotz ist die hohe Abweichung ein Indikator dafür, dass die hier vorgenommene Leistungsrechnung nicht alle Vorteile des *geared turbofan* berücksichtigt bzw. auf bestimmte Elemente verzichtet. Einen erheblichen Anteil an der Abweichung zu den von Pratt & Whitney veröffentlichten Ansprüchen hat die Tatsache, dass hier beide untersuchte Triebwerkskonzepte einen gemeinsamen Kern besitzen. Gestaltet man den Kern nun variabel und lässt von GasTurb^{TM} eine Optimierung für die Druckverhältnisse und den Kernmassenstrom durchführen, stellt sich heraus, dass weder der eingangs festgelegte Kernmassenstrom noch das Druckverhältnis des Hochdruckverdichters dem Optimum im Auslegungspunkt entsprechen. Dass diese Parameter an das Konzept angepasst werden müssen, kann auch an der Entwicklung vom PW8000 (das nie in Serie produziert wurde) zum PW1000G erkannt werden, denn der wesentliche Unterschied zwischen diesen beiden Triebwerken besteht im Hochdruckverdichter. Die Optimierung des Hochdruckverdichters senkt für den hier betrachteten *geared turbofan* den Treibstoffmassenstrom im Auslegungspunkt auf $0,4081\ kg/s$, was nunmehr einer Einsparung von 8 % gegenüber dem direkt angetriebenen Turbofan entspricht (vorher: 6 %). Sowohl der thermische Wirkungsgrad als auch der Vortriebswirkungsgrad sind hierbei jeweils um bis zu 2 % gesteigert. Ein weiterer Einflussfaktor sind variable Geometrien, die in der vorliegenden Studie komplett vernachlässigt wurden. Zusätzlich zu den schon ausführlich diskutierten VSVs besitzt das PW1000G eine variable Schubdüse. In der Start- und Steigphase ist diese Düse wesentlich weiter geöffnet als in der vorliegenden Missionsanalyse für den *geared turbofan* angenommen. Schon im Standschub kann der Treibstoffmassenstrom nur durch Anpassen des Bypass-Düsenwinkels auf $0,9782\ kg/s$ reduziert werden, so dass die Einsparung gegenüber dem konventionellen Turbofan für diesen Punkt nunmehr 24 % statt 22 % beträgt. Durch die Betrachtung eines optimierten Hochdruckverdichters und einer variablen Schubdüse kann also das Einsparpotential des *geared turbofan* gesteigert werden. Eine weitere Optimierungsmöglichkeit, die sich durch das große Nebenstromverhältnis ergibt, ist die Minimierung der Verluste im Nebenstromkanal. Der Bauraum ist relativ zum konventionellen Turbofan größer und bietet daher mehr Möglichkeiten, aerodynamisch optimiert zu werden. Für die Einlaufverluste gilt das analog. Bei der Annahme dieser Parameter für die Leistungsrechnung wurde versucht, diese Verbesserungen abzubilden. Allerdings wurden bewusst konservative Werte angenommen, um das Einsparpotential des *geared turbofan* nicht durch zu optimistische Annahmen zu verfälschen.

6 Massenabschätzung des Getriebes

6.1 Vorstellung der empirischen Ansätze

6.1.1 Motivation

Die Auswirkungen eines Getriebes wurden bereits in Abschnitt 2 erläutert. Wesentliches Kriterium für die Bewertung und Machbarkeit des Konzepts ist das Gewicht des Getriebes. Dieses sollte nicht mehr Masse in das Gesamttriebwerk einbringen, als durch die Verkürzung der Niederdruckturbine verringert wird. Das wurde schon 1992 für möglich gehalten [12] und mittlerweile wird sogar davon ausgegangen, dass ein *geared turbofan* insgesamt leichter sein kann als ein konventioneller Turbofan. Zusätzlich wird detailliert aufgeschlüsselt, wie sich die Anteile der Komponenten am Gesamtgewicht ändern [14]. Dennoch finden sich nur in den wenigsten Publikationen diskrete Werte für die Masse eines möglichen Getriebes. In GasTurb^{TM} selber wird ein linearer Zusammenhang zwischen der Leistung und der Masse des Getriebes angenommen.

$$\frac{m_{GB}}{kg} = 0,03 \, \frac{kg}{kW} \cdot P_{NDT} \tag{67}$$

Bezogen auf das vorliegende Design mit einer Wellenleistung von etwa 27.000 kW führt dies zu einer Masse von 810 kg. Für ein Triebwerk der mittleren Schubklasse wird eine Masse von 170 kg angenommen [79], während für Triebwerke der hohen Schubklasse von einer Masse zwischen 540 kg und 566 kg für das Getriebe ausgegangen wird [3]. Für das PW8000 wurde das Getriebegewicht mit 220 kg angegeben [44], beim PW1000G konnte das Gewicht sogar noch einmal auf 113 kg gesenkt werden [45]. Die weite Spanne der verwendeten Werte macht deutlich, dass hier eine genauere Betrachtung des prognostizierten Gewichts von Nöten ist. Dazu werden im Folgenden verschiedene empirische Ansätze vorgestellt und ausgewertet.

6.1.2 Ansatz nach Worobel und Mayo

Das Unternehmen Hamilton Standard untersuchte in den 1970er-Jahren, ob das Prinzip des *propfan* für die allgemeine Luftfahrt anwendbar ist. Um dies zu bewerten, wurde auch die Masse eines Reduktionsgetriebes geschätzt. Der Ansatz dazu ist in Abbildung 25 in [95] angegeben und lautet für ein Planetengetriebe wie folgt:

$$\frac{m_{GB}}{lbs} = 8 \cdot \left(\frac{P_{NDT} \cdot D_{Fan}}{u_{tip,Fan}} \cdot \frac{1}{SHP \cdot s} \right)^{0,84} + 0,6 \cdot \left(\frac{D_{Fan}}{ft} \right)^{2} \tag{68}$$

$$\text{mit } u_{tip,Fan} = \frac{\Pi \cdot RPM_{Fan} \cdot D_{Fan}}{60} \tag{69}$$

Grundlage dieser Gleichung waren die damals von Hamilton Standard produzierten Getriebe für propellergetriebene Flugzeuge.

6.1.3 Ansatz nach Plencner, Senty und Wickenheiser

Im Zuge der Weiterentwicklung des Computerprogramms „Weight Analysis of Turbine Engines“ (WATE-2) wurde ein weiterer empirischer Ansatz vorgestellt [96]:

$$\frac{m_{GB}}{lbs} = m_{GB,ref} \cdot (0,118 \cdot \zeta)^{0,5} \tag{70}$$

$$\text{mit } m_{GB,ref} = 0,0174 \, \frac{1}{ft} \cdot \frac{P_{NDT} \cdot 33.000}{2 \cdot \Pi \cdot RPM_{Fan}} + 45 \, lbs \tag{71}$$

Die Datenbasis dieser Gleichung umfasst Getriebe mit einer Leistung von 1000 SHP bis 2500 SHP.

6.1.4 Ansätze nach Grieb

Ein aktuellerer Ansatz, der sich auch explizit auf Getriebe hoher Leistung anwenden lässt, ist in Bild 5.8.5 in [1] zu finden. Mit Hilfe des dort abgebildeten Ähnlichkeitsfaktors γ kann die Masse des Getriebes abgeschätzt werden:

$$\frac{m_{GB}}{kg} = \gamma \cdot \zeta \cdot P_{NDT}^{1,5} \tag{72}$$

Die Berechnung des Ähnlichkeitsfaktors γ ist im Anhang A.1 ausführlich erläutert.
Zusätzlich bietet Formel 5.9.5 in [1] eine Relation für das Getriebegewicht eines Wellenleistungstriebwerks.

$$\frac{m_{GB}}{kg} = (0,02 + 0,047 \cdot \zeta) \cdot m_{trocken} \tag{73}$$

Hierbei bezeichnet $m_{trocken}$ die Trockenmasse des Triebwerks. Diese ist zwar für die vorliegende Spezifikation nicht bekannt, es kann aber davon ausgegangen werden, dass sie in etwa der Trockenmasse eines vergleichbaren konventionellen Turbofans entspricht. Für die beiden Triebwerke V2500 und CFM56 schwankt die Trockenmasse zwischen 1966 kg und 2595 kg (vgl. Tabelle 4.2). Als Referenzwert für die Massenabschätzung wird der Mittelwert 2280, 5 kg festgelegt.

6.1.5 Ansatz nach Tong, Jones und Haller

Zuletzt sei noch der aktuellste der hier vorgestellten Ansätze erwähnt, der im Rahmen einer Konzeptstudie eines Nurflüglers mit eingebetteten Triebwerken entwickelt wurde. Der dort verwendete empirische Ansatz dient zur Abschätzung der Masse des Getriebes inklusive der benötigten Komponenten der Fluidsysteme. Als Datenbasis wurden Helikoptergetriebe, Getriebe von Turboproptriebwerken und Getriebe von Kipprotoren untersucht. Aus den Leistungsdaten wurde zunächst ein dimensionsloser Parameter Ξ_{par} definiert, von dem wiederum die Masse linear abhängt [97].

$$\frac{m_{GB}}{lbs} = -37,4262 + 116,3297 \cdot \Xi_{par} \tag{74}$$

$$\text{mit } \Xi_{par} = \left(\frac{P_{NDT}}{RPM_{Fan}} \cdot \frac{min}{SHP} \right)^{0,75} \cdot \zeta^{0,15} \tag{75}$$

Da der Parameter Ξ_{par} bis zu einem Wert von knapp 100 ausgewertet wurde, kann davon ausgegangen werden, dass hier auch Getriebe hoher Leistung einbezogen wurden.

6.2 Auswertung der Ansätze

Der Ansatz nach Worobel & Mayo ist der einzige hier vorgestellte, der den Durchmesser des Fans berücksichtigt. Einfluss fand dieser Parameter sicherlich, um das stärkere Biegemoment abzubilden, das ein größerer (und damit schwererer) Fan in ein Getriebe einbringt. Allerdings ist dieser Ansatz auch der einzige, der explizit einen Fan als Rotor anspricht. Alle anderen Ansätze vernachlässigen das rotierende Element und gehen davon aus, dass die Bauform (Propeller oder Fan) keinen Einfluß auf das Getriebegewicht hat. In Abbildung 6.1 ist dann auch zu erkennen, dass im Fall einer reinen Vergrößerung des Fandurchmessers von $0,5\ m$ auf $3,5\ m$ nach Worobel & Mayo eine Erhöhung des Getriebegewichts um etwa $40\ kg$ zur Folge hat. Diese recht geringe Auswirkung - verglichen mit der Änderung der Dimension des gesamten Triebwerks - impliziert, dass der Einfluss des Fandurchmessers auch indirekt über die anderen Parameter abgebildet werden kann. Da ein größerer - und somit schwererer - Rotor langsamer rotieren wird als ein im Durchmesser kleinerer, liegt es nahe, den Einfluss des Fandurchmessers über die Drehzahl abzubilden. Bis auf die Ansätze nach Grieb ist in allen hier vorgestellten Ansätzen auch die Abtriebsdrehzahl des Getriebes enthalten. Deutlich ist in Abbildung 6.2 zu sehen, dass mit zunehmender Drehzahl die prognostizierte Masse des Getriebes abnimmt. Dies ist einleuchtend, da mit zunehmender Drehzahl das Drehmoment und somit auch die Belastung der Zahnräder und des Gehäuses sinkt. Das ermöglicht eine insgesamt leichtere Bauweise.

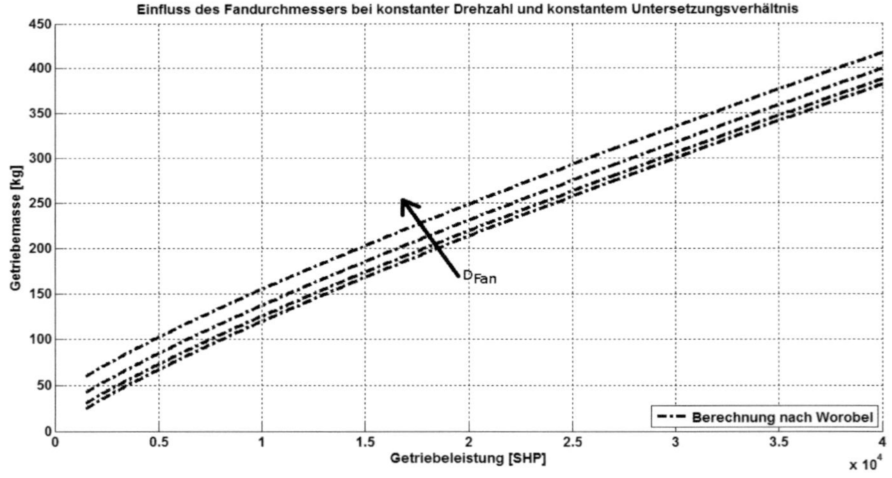

Abbildung 6.1: Einfluss des Fandurchmessers auf die Masse des Getriebes

Betrachtet man nun auch die Antriebsdrehzahl, wird diese zweckmäßigerweise über das Untersetzungsverhältnis abgebildet. Für alle Ansätze, in denen dieser Parameter verwendet wird, zeigt sich in Abbildung 6.3, dass mit zunehmendem Untersetzungsverhältnis die Masse des Getriebes steigt. Zurückzuführen ist das darauf, dass für ein größeres Un-

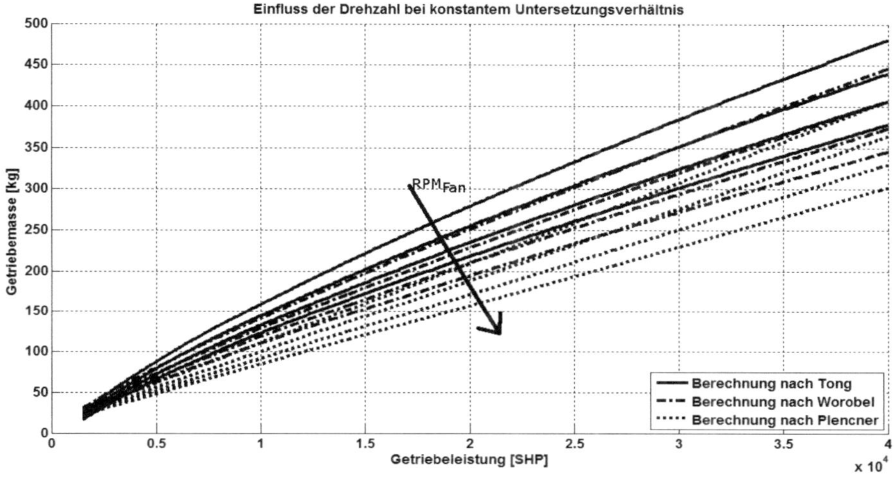

Abbildung 6.2: Einfluss der Fandrehzahl die Masse des Getriebes

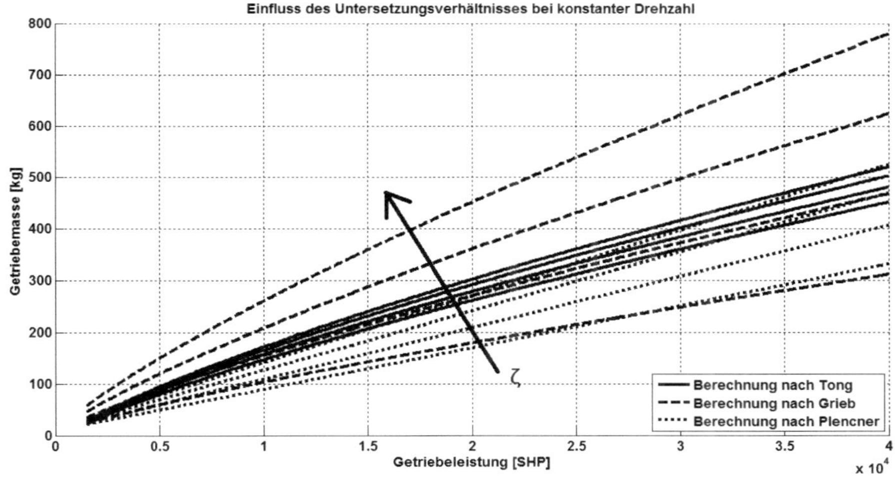

Abbildung 6.3: Einfluss des Untersetzungsverhältnisses auf die Masse des Getriebes

tersetzungsverhältnis schlichtweg mehr Zähne an den Zahnrädern nötig sind und somit der Durchmesser der Zahnräder steigen wird. Zur Abschätzung des Getriebegewichts wird zusätzlich zu den Daten aus Abschnitt 4.2 auch die zu übertragende Leistung benötigt. Diese entspricht der Leistung der Niederdruckturbine, wobei mechanische Verluste während der Übertragung vernachlässigt werden. In Abbildung 6.4 sind die Leistungen der Niederdruckturbine aus der Missionsanalyse dargestellt (vgl. Abschnitt 5). Hieraus ist sofort ersichtlich, dass die maximale Leistung am Ende des Startvorgangs auftreten wird. Dies korrespondiert mit den Grundvoraussetzungen für die Entwicklung eines Wärmemanagementsystems [22].

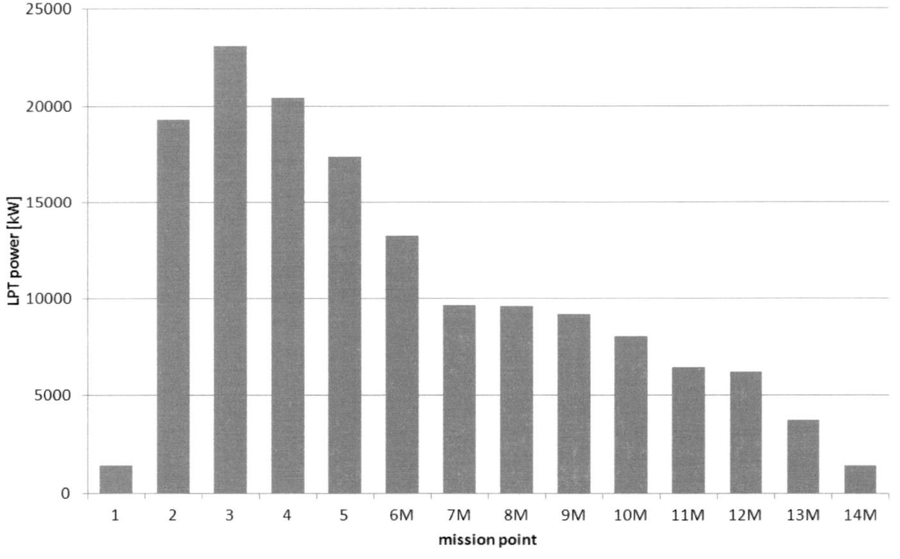

Abbildung 6.4: Leistung der Niederdruckturbine während einer Mittelstreckenmission

Abbildung 6.5 zeigt zusätzlich noch einmal die Parameterstudie für den Einfluss der Machzahl und der relativen Drehzahl der Hochdruckwelle. Hier ist die Leistung über der Machzahl aufgetragen, die Konturen stellen die relative Drehzahl der Hochdruckwelle dar. Wie zu erwarten, erfährt das Getriebe im Fall einer hohen Drehzahl bei bereits hoher Machzahl am Boden die höchste Belastung. Um auch nicht ideale Startbedingungen abzudecken, wird die Getriebeleistung für eine relative Drehzahl von 112% bei Mach $0,35$ am Boden berechnet. Die Machzahl liegt dabei über dem in Abschnitt 5 verwendeten Wert. Da die Relationen in Abschnitt 6.1 überwiegend in anglo-amerikanischen Einheiten hergeleitet wurden, wird auch die Getriebeleistung in diesen Einheiten angegeben. Die oben ermittelte maximale Leistung von 26.410 kW entspricht 35.416 SHP, dimensioniert wird das Getriebe nun auf eine Leistung von 36.000 SHP. Für den Ansatz nach Worobel & Mayo wird ein Fandurchmesser von $2,5$ m angenommen. Die Ergebnisse der Abschätzungen sind in Tabelle 6.1 aufgeführt.

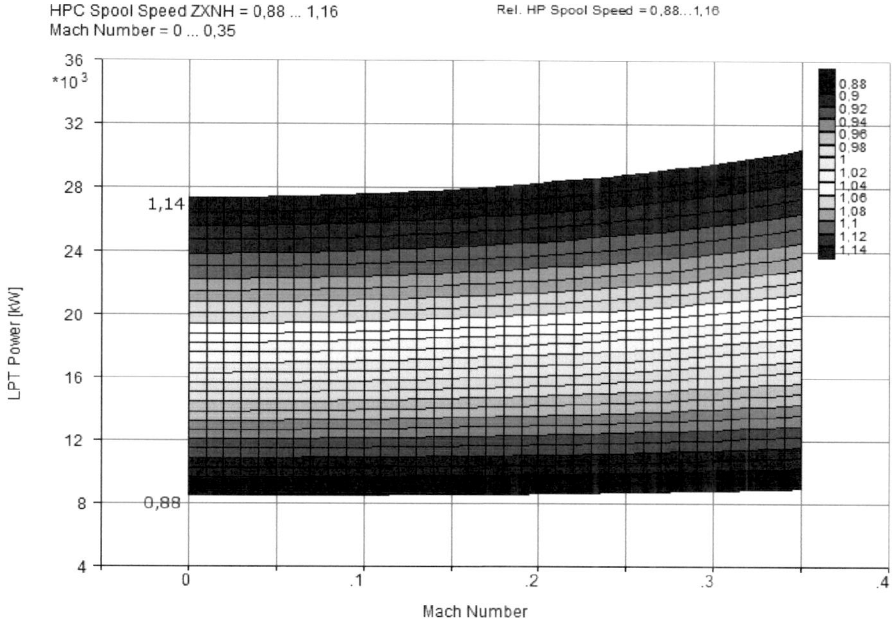

Abbildung 6.5: Abhängigkeit der Niederdruckturbinenleistung von Flugmachzahl und relativer Drehzahl der Hochdruckwelle

Ansatz von	Jahr	Masse des Getriebes [kg]
Worobel & Mayo	1973	376,9639 kg
Plencner & Senty & Wickenheiser	1983	318,3093 kg
Grieb für koaxiale Getriebe	2004	430,6464 kg
Grieb für Turboprop-Getriebe	2004	367,1605 kg
Tong & Jones & Haller	2009	394,5077 kg

Tabelle 6.1: Ergebnisse der Massenabschätzung für das Getriebe

Die Bandbreite der Ergebnisse mit einem maximalen Unterschied von mehr als 100 kg erfordert eine genauere Betrachtung der Ansätze. Grundsätzlich sind die Ergebnisse nach den Ansätzen von Worobel & Mayo und Plencner & Senty & Wickenheiser allein schon auf Grund ihres Alters kritisch zu betrachten. Weiterhin umfasste die Datenbasis für diese beiden Ansätze keine Getriebe hoher Leistung. Während der Ansatz nach Worobel & Mayo explizit das Ölsystem in die Betrachtung einbezieht, fehlt solch eine Aussage bei Plencner & Senty & Wickenheiser. Dies kann eine Erklärung für das wesentlich niedrigere Ergebnis dieses Ansatzes sein. Das schwerste Ergebnis liefert die Berechnung nach

Grieb für koaxiale Getriebe hoher Leistung. Ein auffallender Unterschied dieser Gleichung zu den bisherigen Relationen ist, dass die Abtriebsdrehzahl keinen Einfluss hat. Im Gegenzug geht hier jedoch das Untersetzungsverhältnis direkt ein, so dass ein Getriebe bei ansonsten identischen Leistungsparametern im Fall von $\zeta = 4$ eine doppelt so hohe Masse aufweist wie im Falle von $\zeta = 2$. Das macht diesen Ansatz sehr sensibel für bereits kleinste Änderungen des Untersetzungsverhältnisses. Wird dieses Verhältnis bei ansonsten identischen Parametern auf $2,8$ reduziert, so liegt das Ergebnis dieser Abschätzung mit $401,9366\ kg$ schon wesentlicher näher an den restlichen Ergebnissen. Der Ansatz nach Grieb für Turboprop-Getriebe liefert für das oben festgelegte Trockengewicht einen Wert, der wesentlich unter dem Ansatz für Getriebe hoher Leistung liegt. Allerdings ist dieser Ansatz zum Einen für Wellenleistungstriebwerke entworfen, deren Trockenmasse von der eines vergleichbaren Turbofans stark abweichen kann. Zum Anderen wurde die Trockenmasse hier nur von existierenden Triebwerken undifferenziert übernommen. Betrachtet man nun die in Tabelle 4.2 genannten Triebwerke nach Hersteller getrennt, so ergibt sich für das CFM56 eine Durchschnittsmasse von 2206 kg und für das V2500 ein Durchschnittswert von 2452 kg. Daraus resultieren mit diesem Ansatz nunmehr Getriebegewichte von 355 kg und 418 kg. Dies zeigt deutlich, dass dieser Ansatz nicht zur Abschätzung geeignet ist, sofern keine gesicherten Daten für die Trockenmasse vorhanden sind, da diese auch bei vergleichbaren Triebwerken erheblich schwanken können. Der Ansatz nach Tong & Jones & Haller liefert ein vergleichsweise schweres Ergebnis. In diesem Wert enthalten ist die Masse des Ölsystems für das Getriebe. Sowohl die Aktualität des Ansatzes als auch die breite Datenbasis, die verschiedene Getriebebauformen beinhaltet, lassen diesen Ansatz grundsätzlich sehr realistisch erscheinen.
Um eine Aussage bezüglich des zu erwartenden Getriebegewichts machen zu können, wird nun der Mittelwert der Ansätze ermittelt. Sowohl der Ansatz nach Plencner & Senty & Wickenheiser als auch nach Grieb für Turboprop-Getriebe werden dabei aufgrund der genannten Unzulänglichkeiten vernachlässigt .

$$m_{GB} = 400,706\ kg \tag{76}$$

Für einen *geared turbofan* mit den vorliegenden Leistungsparametern muss also eine Masse von 400 kg für das Getriebe samt dem zugehörigen Ölsystem angenommen werden. Diese Masse muss gleichzeitig durch die Reduzierung der Stufen der Niederdruckturbine eingespart werden, um das Triebwerk nicht schwerer werden zu lassen als einen vergleichbaren direkt angetriebenen Turbofan. Bemerkenswert bei diesem Wert ist der Unterschied zu den Angaben, die sich für das *Fan Drive Gear System (FDGS)* des PW1000G und seines Vorgängers finden. Für das PW8000 ist eine Masse von 220 kg angegeben [67], für das PW1000G sogar eine Masse von nur 113 kg [45]. Es ist nun zunächst möglich, daraus die Nichtanwendbarkeit der genannten Ansätze zu schließen. Aber die Tatsache, dass alle Ansätze von verschiedenen Autoren stammen, unterschiedlichste Datenbasen haben und dennoch eine einheitliche Tendenz darstellen, steht solch einer pauschalen Negierung der Ergebnisse entgegen. Vielmehr könnte der Grund für die Differenz sein, dass für das FDGS neuartige Technologien und Werkstoffe zum Einsatz kommen, die bisher nicht genutzt wurden und somit in den empirischen Ansätzen noch nicht widergespiegelt werden konnten. Da jedoch der Entwurf des FDGS aus den 1990er-Jahren datiert, ist auch diese Annahme nur schwer zu untermauern. Vielmehr scheinen die Gewichtsangaben für das PW8000 und das PW1000G nur die unmittelbaren Bestandteile des Getriebes (Zahnräder, Lager u.ä.) zu berücksichtigen. Da für das Getriebe des PW1000G kein autarkes Ölsystem verwendet wird, sondern auf das bereits existierende Ölsystem des Triebwerks zurückgegriffen wird [98], kann davon ausgegangen werden, dass Elemente wie Förderpumpen für das Getriebeöl in der Masse der Triebwerkfluidsysteme enthalten sind und daher nicht zur Getriebemasse gezählt worden sind.

7 Ergebnisse

7.1 Zusammenfassung

In Abschnitt 4 wurde zunächst gezeigt, dass unter der Verwendung eines gemeinsamen Kerns ein *geared turbofan* im Auslegunspunkt bis zu 5, 5 % weniger Treibstoff verbrauchen kann. Hauptursache hierfür ist der um mehr als 11 % höhere Vortriebswirkungsgrad des *geared turbofan*, der durch das sehr hohe Bypass-Verhältnis von 12 ermöglicht wird. Im Anschluss wurde ermittelt, dass der mechanische Wirkungsgrad der Niederdruckwelle, der den Wirkungsgrad des Getriebes beinhaltet, ebensolche Auswirkungen auf die Leistungsdaten hat wie der Wirkungsgrad der Niederdruckturbine. Zusätzlich ist der Wirkungsgrad des Getriebes eine unmittelbare Voraussetzung für die Realisierung dieses Konzepts. Nur ein hocheffizientes Getriebe ist leicht genug, um ohne Gewichtszunahme des Gesamttriebwerks eingebaut werden zu können, da jede Verlustleistung durch eine Vergrößerung des Ölsystems kompensiert werden muss. Gleichzeitig können die Forderungen nach einem langlebigen, wartungsarmen und sicheren Getriebe nur durch solche hocheffizienten Getriebe mit geringen Verlustleistungen und effizientem Ölsystem erfüllt werden. Bei der Überprüfung der Startforderung stellte sich heraus, dass die maximal auftretende Turbineneintrittstemperatur eines *geared turbofan* am Ende des Startvorgangs auftritt. Weiterhin sind die Turbineneintrittstemperaturen eines *geared turbofan* während des gesamten Startvorgangs niedriger als bei einen direkt angetriebenen Turbofan, jedoch verhält sich diese Temperatur dynamischer. Zurückgeführt wurde das auf den größeren Durchmesser des *geared turbofan*, der einen größeren Eintrittsimpuls verursacht und somit zu einem wesentlichen höheren Bruttoschub im Flugfall führt. Bereits bei diesen zwei neuralgischen Punkten wurden auffällige Unterschiede in den einzelnen charakteristischen Triebwerksparametern festgestellt, so dass sich die Notwendigkeit der Missionsanalyse in Abschnitt 5 ergab. Zwei verschiedene Missionen wurden hier durch diskrete Flugzustände angenähert. Aus dieser Betrachtung ergibt sich sowohl die Notwendigkeit des Abblasens von Verdichterluft für beide untersuchte Triebwerkskonzepte als auch der unmittelbare Zwang zur Betrachtung von variablen Leitschaufeln für einen Vorentwurf. Weiterhin wird hier deutlich, welchen Einfluss der Auslegungspunkt des Triebwerks insbesondere für den *geared turbofan* hat. Für den Fall der Mittelstreckenmission, die einen langen Aufenthalt im Auslegungspunkt beinhaltet, verbraucht dieses Konzept 6 % weniger Treibstoff als ein konventioneller Turbofan. Diese Einsparung sinkt auf 4 % beim Einsatz auf einer Kurzstrecke mit Ausweichen und Warteschleife. Selbst ohne Berücksichtigung dieser außerplanmäßigen Zustände beträgt die Einsparung nur noch 5 %. Da diese Werte deutlich unter den vermarkteten Werten für das PW1000G liegen, wurden die Optimierungsmöglichkeiten der hier verwendeten Modelle vorgestellt. Dabei zeigt sich, dass allein durch einen optimierten Kern das Einsparpotential für eine Mittelstreckenmission auf 8 % erhöht werden kann. Zuletzt wurde in Abschnitt 6 für den hier vorgestellten *geared turbofan* mit Hilfe empirischer Ansätze die Masse des Getriebes abgeschätzt. Auf dieser Grundlage kann davon ausgegangen werden, dass für einen *geared turbofan* der hier untersuchten Schubklasse eine Masse von 400 kg für das Getriebe inklusive des Ölsystems eingeplant werden muss. Dieses zusätzliche Gewicht muss durch die nun mögliche Reduzierung der Niederdruckturbine wieder kompensiert werden.

7.2 Ausblick

Anhand der vorliegenden Untersuchung wurde gezeigt, dass das Konzept des *geared turbofan* selbst bei identischem Technologielevel weniger Treibstoff als ein konventioneller Turbofan verbraucht. Die vorgestellten notwendigen Änderungen gegenüber dem konventionellen Konzept erfordern ein gewisses Maß an Investitionen. Eine Abschätzung der damit verbundenen Kosten und Risiken ist erst nach einem integrierten Vorentwurf möglich. Dabei muss die transiente Leistungsrechnung miteinbezogen werden, da sich auch die dynamischen Vorgänge von einem konventionellen Turbofan deutlich unterscheiden werden. Es ist zu erwarten, dass sich in einem detaillierten Vorentwurf die hier gezeigten Werte des *geared turbofan* sogar noch verbessern werden. Aufgrund der Entwicklungsgeschichte des PW1000G kann davon ausgegangen werden, dass die Entwicklung einer entsprechenden Getriebekomponente inklusive der notwendigen Subsysteme wie Ölsystem und Dichttechnik eine erhebliche Investition darstellt. Ob sich diese Investition lohnt, wird sich in den ersten Jahren nach Indienststellung der Flugzeugmuster mit PW1000G-Triebwerken zeigen. Die bisher realisierten Getriebeturbofans hatten stets mit Problemen der Zuverlässigkeit zu kämpfen. Das Getriebe des PW1000G soll hingegen keinerlei Teile enthalten, die nur eine bestimmte Lebensdauer haben (*life limeted parts*). Sofern diese angestrebten Zuverlässigkeitswerte erreicht werden, kann davon ausgegangen werden, dass das Konzept des Getriebeturbofans auch auf andere Schubklassen ausgedehnt wird. Erste Überlegungen zu einem *geared turbofan* mit einem Maximalschub von 100.000 lbf sind bereits öffentlich gemacht worden [99]. Jedoch dürfte die hohe zu übertragende Leistung weiterhin das größte Problem für ein mögliches Getriebe in dieser Schubklasse darstellen.

A Anhang

A.1 Massenabschätzung für Getriebe hoher Leistung nach Grieb

Als Grundlage für die Massenabschätzung dient Abbildung 5.8.5 in [1]. Dort ist der Parameter γ als Funktion der Leistung dargestellt, jedoch ohne konkrete Gleichung. Die doppelt logarithmische Skalierung erschwert zusätzlich das Ablesen des Wertes. Zur Herleitung einer Gleichung für γ wird zunächst folgende Gleichung zu Grunde gelegt:

$$\log_{10}\left(\frac{\gamma}{10^{-4}\frac{kg}{kW^{1,5}}}\right) = x \cdot \log_{10}\left(\frac{P}{kW}\right) + y \tag{77}$$

Ausgehend davon, dass hier zunächst nur die Geraden in dem Diagramm abgebildet werden können, wird $log_{10}(\gamma)$ substituiert, es folgt:

$$\tau_\gamma = \bar{x} \cdot log_{10}\left(\frac{P}{kW}\right) + \bar{y} \tag{78}$$

Es gilt dann unter Verwendung der Daten der beiden Messpunkte P_1 und P_2:

$$\bar{x} = \frac{\tau_{\gamma,2} - \tau_{\gamma,1}}{log_{10}\left(\frac{P_2}{kW}\right) - log_{10}\left(\frac{P_1}{kW}\right)} \tag{79}$$

$$\bar{y} = \tau_{\gamma,1} - \bar{x} \cdot log_{10}\left(\frac{P_1}{kW}\right) \tag{80}$$

Schlußendlich kann nun γ durch Resubstitution berechnet werden:

$$\gamma = 10^{\tau_\gamma} \cdot 10^{-4}\,\frac{kg}{kW} \tag{81}$$

Literatur

[1] Hubert Grieb. *Projektierung von Turboflugtriebwerken.* Basel: Birkhäuser Verlag AG, 2004. ISBN: 3-7643-6023-2.

[2] Rolls-Royce plc, Hrsg. *2011 Full Year Results.* Data pack. Englisch. London: Rolls-Royce plc, 9. Februar 2012. URL: http://www.rolls-royce.com/Images/2011prelims_pres_appendices_amended_tcm92-33961.pdf (besucht am 14. 05. 2013).

[3] Dipanjay Dewanji, G. Arvind Rao und Jos van Buijtenen. „Feasibility Study of Some Novel Concepts for High Bypass Ratio Turbofan Engines". Englisch. In: Proceedings of ASME Turbo Expo 2009: Power for Land, Sea and Air (Orlando, 8.–12. Juni 2009). American Society of Mechanical Engineers. New York. DOI: 10.1115/GT2009-59166.

[4] Martin Engber u. a. „Advanced Technologies for Next Generation Regional Jets - Survey of Research Activities at MTU Aero Engines". Englisch. In: International Symposium on Air Breathing Engines (Beijing, 2.–7. September 2007). International Association of Airbreathing Engines. Cincinnati. URL: http://mtu.de/en/technologies/engineering_news/others/Engber_Next_generation_jets.pdf (besucht am 15. 05. 2013). ISABE-2007-1282.

[5] Pedro Argüelles u. a. *European Aeronautics: A Vision for 2020. Meeting Society's Needs and Winning Global Leadership.* Report of the Group of Personalities. Englisch. Mit einem Vorw. von Philippe Busquin. Luxemburg: Office for Official Publications of the European Communities, Januar 2001. ISBN: 92-894-0559-7. URL: http://ec.europa.eu/research/growth/aeronautics2020/pdf/aeronautics2020_en.pdf (besucht am 15. 05. 2013).

[6] Fazal B. Kauser. „An Overview of Gas Turbine Propulsion Technology". Englisch. In: 30th AIAA/ASME/SAE/ASEE Joint Propulsion Conference (Indianapolis, 27.–29. Juni 1994). American Institute of Aeronautics und Astronautics. Washington D.C. DOI: 10.2514/6.1994-2828. AIAA-1994-2828.

[7] Willy J. G. Bräunling. *Flugzeugtriebwerke: Grundlagen, Aero-Thermodynamik, ideale und reale Kreisprozesse, thermische Turbomaschinen, Komponenten- und Emissionen.* 3., vollständig überarbeitete und erweiterte Auflage. Berlin und Heidelberg: Springer-Verlag, 2009. ISBN: 978-3-540-76368-0. URL: http://www.springerlink.com/content/978-3-540-76370-3 (besucht am 15. 05. 2013).

[8] Jeffrey K. Schweitzer. „Propulsion Technology Readiness for Next Generation Transport Systems". Englisch. In: AIAA/ICAS International Air and Space Symposium and Exposition: The Next 100 Years (Dayton, 14.–17. Juli 2003). American Institute of Aeronautics und Astronautics. Washington D.C. AIAA 2003-2787.

[9] P. Jeschke, J. Kurzke, R. Schaber und C. Riegler. „Preliminary Gas Turbine Design Using the Multidisciplinary Design System MOPEDS". Englisch. In: *Journal of Engineering for Gas Turbines and Power* 126.2 (April 2004), S. 258–264. ISSN: 0742-4795. DOI: 10.1115/1.1639009.

[10] F. Kocian, W. Dudenhausen, V. Plevnik und R. Voit-Nitschmann. „Faserverbundwerkstoffe im Triebwerk, Chancen durch neue Konstruktionskonzepte“. In: *Jahrbuch 2001 der Deutschen Gesellschaft für Luft- und Raumfahrt - Lilienthal-Oberth e.V. (DGLR).* Deutscher Luft- und Raumfahrtkongress 2003 (München, 17.–20. November 2003). Bd. 2. Deutsche Gesellschaft für Luft- und Raumfahrt - Lilienthal -Oberth e.V. (DGLR). Bonn, S. 875–882. DGLR-2003-155.

[11] Max Reissig. „Applicability of Metal Injection Molding for Rolls-Royce Engine Programs“. Bachelorarbeit. Hochschule für Technik und Wirtschaft Berlin und Rolls-Royce Deutschland Ltd & Co KG, 25. Juni 2012.

[12] N. J. Peacock und J. H. R. Sadler. „Advanced Propulsion Systems for Large Subsonic Transports“. Englisch. In: *Journal of Propulsion and Power* 8.3 (Mai–Juni 1992), S. 703–708. ISSN: 0748-4658. DOI: `10.2514/3.23535`.

[13] K. Buyukataman und S. Wilton. „Gearbox System Design for Ultra-High Bypass Engines“. Englisch. In: AIAA/SAE/ASME/ASEE 26th Joint Propulsion Conference (Orlando, 16.–18. Juli 1990). American Institute of Aeronautics und Astronautics. Washington D.C. DOI: `10.2514/6.1990-2152`. AIAA 1990-2152.

[14] C. Riegler und C. Bichlmaier. „The Geared Turbofan Technology - Opportunities, Challenges and Readiness Status“. Englisch. In: First CEAS European Air and Space Conference (Berlin, 10. September 2007–13. September 2009). Council of European Aerospace Societies. Brüssel. URL: `http://www.mtu.de/en/technologies/engineering_news/others/Riegler_Geared_turbofan_technology.pdf` (besucht am 15. 05. 2013).

[15] Deb Case und Katy Padgett, Hrsg. *Engine Alliance GP7200 Engine Hits 500,000 In-Service Flight Hours. Nears Third Anniversary of Entry Into Service.* Englisch. Pressemitteilung. Engine Alliance LLC. 22. Juni 2011. URL: `http://www.enginealliance.com/en/media/press_releases.aspx?view=press20110622` (besucht am 14. 05. 2013).

[16] *A350's Trent XWB engine makes successful first flight on Airbus' A380 test aircraft.* Promising start to engine flight-test campaign one year ahead of A350 first flight; Flight tests to ensure high level of maturity from day one. Englisch. Pressemitteilung. Airbus S.A.S. 18. Februar 2012. URL: `http://www.airbus.com/newsevents/news-events-single/detail/a350s-trent-xwb-engine-makes-successful-first-flight-on-airbus-a380-test-aircraft/` (besucht am 14. 05. 2013).

[17] Sara Banda, Hrsg. *PurePower Engine Family Specifications.* Englisch. Pratt & Whitney. URL: `http://www.pw.utc.com/Content/PurePowerPW1000G_Engine/pdf/B-1-1_PurePowerEngineFamily_SpecsChart.pdf` (besucht am 14. 05. 2013).

[18] H. Geidel. „Ducted Ultra High Bypass Engine Configuration Definition“. Englisch. In: AIAA/ASME/SAE/ASEE 25th Joint Propulsion Conference (Monterey, 10.–12. Juli 1989). American Institute of Aeronautics und Astronautics. Washington D.C. DOI: `10.2514/6.1989-2478`. AIAA 1989-2478.

[19] Klaus Heinig, Fritz Kennepohl und Paul Traub. „Acoustics of a Counter-Rotating Shrouded Propfan: Prediction and Data“. Englisch. In: *Journal of Aircraft* 32.5 (September–Oktober 1995), S. 993–1000. ISSN: 0021-8669. DOI: `10.2514/3.46828`.

[20] Adam Waldowski. „Potenzialbewertung von Open-Rotor-Triebwerken“. Diplomarbeit. Technische Universität Berlin und Deutsches Zentrum für Luft- und Raumfahrt, Juni 2009. Eingereicht.

[21] B. Fischer und H. Klug. „Configuration Studies for a Regional Airliner Using Open-Rotor Ultra-High-Bypass-Ratio Engines“. Englisch. In: AIAA/ASME/SAE/ASEE 25th Joint Propulsion Conference (Monterey, 10.–12. Juli 1989). American Institute of Aeronautics und Astronautics. Washington D.C. DOI: 10.2514/6.1989-2580. AIAA 1989-2580.

[22] K. Rüd, H. Geidel, A. Rohra und K. Britz. „High Performance Gear Systems and Heat Management for Advanced Ducted Systems“. Englisch. In: AIAA/ASME/SAE/ASEE 25th Joint Propulsion Conference (Monterey, 10.–12. Juli 1989). American Institute of Aeronautics und Astronautics. Washington D.C. DOI: 10.2514/6.1989-2482. AIAA 1989-2482.

[23] H. Grieb und D. Eckardt. „Turbofan and Propfan as Basis for Future Economic Propulsion Concepts“. Englisch. In: AIAA/ASME/SAE/ASEE 22nd Joint Propulsion Conference (Huntsville, 16.–18. Juni 1986). American Institute of Aeronautics und Astronautics. Washington D.C. DOI: 10.2514/6.1986-1474. AIAA 1986-1474.

[24] Andrew Doyle. *Farnborough: Interview with Rolls-Royce civil aerospace president Mark King*. Englisch. 2. Juli 2012. URL: http://www.flightglobal.com/news/articles/farnborough-interview-with-rolls-royce-civil-aerospace-president-mark-king-373580/ (besucht am 14. 05. 2013).

[25] Jeffrey J. Berton und Mark D. Guynn. „Multi-Objective Optimization of a Turbofan for an Advanced, Single-Aisle Transport“. Englisch. In: *Journal of Aircraft* 48.5 (September–Oktober 2011), S. 1795–1805. ISSN: 0021-8669. DOI: 10.2514/1.C031333.

[26] Paul Krammer, Klaus Rüd und Jens Trübenbach. „Technology Preparation for Green Aero Engines“. Englisch. In: AIAA/ICAS International Air and Space Symposium and Exposition: The Next 100 Years (Dayton, 14.–17. Juli 2003). American Institute of Aeronautics und Astronautics. Washington D.C. AIAA 2003-2790.

[27] T. A. Lyon und R. D. Hillery. „Geared Fan Engine Systems - Their Advantages and Potential Reliability“. Englisch. In: *Journal of Aircraft* 10.6 (Juni 1973), S. 361–365. ISSN: 0021-8669. DOI: 10.2514/3.60237.

[28] K. Rüd, E. Henrich, V. Westphal und K. Hain. „Entwicklung und Bereitstellung einer hochbelasteten schnelllaufenden Niederdruckturbine für die Erprobung in einem Demonstratortriebwerk“. In: *Jahrbuch 2001 der Deutschen Gesellschaft für Luft- und Raumfahrt - Lilienthal-Oberth e.V. (DGLR)*. Deutscher Luft- und Raumfahrtkongress 2001 (Hamburg, 17.–17. September 2001). Bd. 3. Deutsche Gesellschaft für Luft- und Raumfahrt - Lilienthal -Oberth e.V. (DGLR). Bonn, S. 1657–1667. DGLR-2001-081.

[29] F. J. Malzacher, J. Gier und F. Lippl. „Aerodesign and Testing of an Aero-Mechanically Highly Loaded LP Turbine“. Englisch. In: Proceedings of ASME Turbo Expo 2003 (Atlanta, 16.–19. Juni 2003). American Society of Mechanical Engineers. New York. DOI: 10.1115/GT2003-38338.

[30] Bernie MacIsaac und Roy Langton. *Gas Turbine Propulsion Systems*. Englisch. Chichester: Wiley, 2011. Kap. 11.2.1, S. 261–264. ISBN: 0-470-06563-X.

[31] Günter Wilfert, Bernd Kriegl, Leonhard Wald und Olaf Johanssen. „CLEAN - Validation of a GTF High Speed Turbine and Integration of Heat Exchanger Technology in an Environmental Friendly Engine Concept“. Englisch. In: 17th International Symposium on Air-Breathing Engines (München, 4.–9. September 2005). International Association of Airbreathing Engines. Cincinnati. URL: http://www.mtu.de/en/technologies/engineering_news/development/Wilfert_Clean_validation_of_a_gtf.pdf (besucht am 15. 05. 2013). ISABE-2005-1156.

[32] Jayant S. Sabnis. „Emissions and Noise. Next Frontier for Aircraft Engine Technologies“. Englisch. In: AIAA/AAAF Aircraft Noise and Emissions Reduction Symposium (Monterey, 24.–26. Mai 2005). American Institute of Aeronautics und Astronautics. Washington D.C.

[33] D. Eckardt und G. Brines. „Technology Readiness for Advanced Ducted Engines“. Englisch. In: AIAA/ASME/SAE/ASEE 25th Joint Propulsion Conference (Monterey, 10.–12. Juli 1989). American Institute of Aeronautics und Astronautics. Washington D.C. DOI: 10.2514/6.1989-2479. AIAA 1989-2479.

[34] L. Battezzato und R. Pias. „Technology Development Required by Propfan Power Reduction Gearboxes“. Englisch. In: AIAA/ASME/SAE/ASEE 25th Joint Propulsion Conference (Monterey, 10.–12. Juli 1989). American Institute of Aeronautics und Astronautics. Washington D.C. DOI: 10.2514/6.1989-2818. AIAA 1989-2818.

[35] J. Godston und C. Reynolds. „Propulsion System Installation Configurations for Future Prop-Fan Powered Aircraft“. Englisch. In: AIAA/SAE/ASME 19th Joint Propulsion Conference (Seattle, 27.–29. Juni 1983). American Institute of Aeronautics und Astronautics. Washington D.C. DOI: 10.2514/6.1983-1157. AIAA 1983-1157.

[36] D. C. Howe, C. V. Sundt und A. H. McKibbon. *Advanced Gearbox Technology. Advanced Counter-Rotating Gearbox Detailed Design Report*. Englisch. Cleveland: NASA Lewis Research Center, 1. Oktober 1988. HDL: 2060/19940005945. NASA-CR-180883.

[37] K. Buyukataman. „Design Criteria and Analysis of the Dynamic Behavior of High Speed Heavily Loaded and Precision Epicyclic Gears for Aircraft Use“. Englisch. In: AIAA/SAE/ASME/ASEE 28th Joint Propulsion Conference and Exhibit (Nashville, 6.–8. Juli 1992). American Institute of Aeronautics und Astronautics. Washington D.C. DOI: 10.2514/6.1992-3491. AIAA 1992-3491.

[38] K. Buyukataman und K. Kazerounian. „High Speed, Heavily Loaded and Precision Aircraft Type Epicyclic Gear System Dynamic Analysis Overview and Special Considerations“. Englisch. In: AIAA/SAE/ASME/ASEE 29th Joint Propulsion Conference and Exhibit (Monterey, 28.–30. Juni 1993). American Institute of Aeronautics und Astronautics. Washington D.C. DOI: 10.2514/6.1993-2151. AIAA 1993-2151.

[39] M. E. McCune. „Initial Test Results of 40,000 Horsepower Fan Drive Gear System for Advanced Ducted Propulsion Systems“. Englisch. In: AIAA/SAE/ASME/ASEE 29th Joint Propulsion Conference and Exhibit (Monterey, 28.–30. Juni 1993). American Institute of Aeronautics und Astronautics. Washington D.C. DOI: 10.2514/6.1993-2146. AIAA 1993-2146.

[40] K. Buyukataman und K. Kazerounian. „Critical Vibration of Aircraft Epicyclic Gear Systems“. Englisch. In: AIAA/ASME/SAE/ASEE 30th Joint Propulsion Conference (Indianapolis, 27.–29. Juni 1994). American Institute of Aeronautics und Astronautics. Washington D.C. DOI: 10.2514/6.1994-3080. AIAA 1994-3080.

[41] J. Dominy und R. A. Midgley. „A Transmission for the Contra-Rotating Prop-Fan Powerplant“. Englisch. In: AIAA/SAE/ASME 20th Joint Propulsion Conference (Cincinnati, 11.–13. Juni 1984). American Institute of Aeronautics und Astronautics. Washington D.C. DOI: 10.2514/6.1984-1196. AIAA 1984-1196.

[42] C. M. Toraason und C. L. Broman. „Advanced Gearboxes for a Modern Single Rotation Turboprop Engine“. Englisch. In: AIAA/SAE/ASME 20th Joint Propulsion Conference (Cincinnati, 11.–13. Juni 1984). American Institute of Aeronautics und Astronautics. Washington D.C. DOI: 10.2514/6.1984-1197. AIAA 1984-1197.

[43] C. N. Reynolds. *Advanced Prop-Fan Engine Technology (APET) Single- and Counterrotation Gearbox & Pitch Change Mechanism*. Englisch. Cleveland: NASA Lewis Research Center, 1985-07. HDL: 2060/19870019123. NASA-CR-168114-VOL-2.

[44] Guy Norris. „Geared Fan Gamble“. Englisch. In: *Flight International* 153.4629 (10.–16. Juni 1998). Hrsg. von Carol Reed, S. 41–42. ISSN: 0015-3710. URL: http://www.flightglobal.com/pdfarchive/view/1998/1998%20-%201531.html (besucht am 15. 05. 2013).

[45] Patrick Hoeveler. „Durchbruch für den Getriebefan? Pratt & Whitney schließt PW1000G-Versuche ab“. In: *Flugrevue* 04-09 (April 2009). Hrsg. von Ludwig Vogel und Paul Pietsch, S. 82–85. ISSN: 0015-4547.

[46] Dennis Shaughnessy und Lou Dobek. „High Misalignment Carbon Seals for the Fan Drive Gear System Technologies“. Englisch. In: 2003 NASA Seal/Secondary Air System Workshop (Cleveland, 5.–6. November 2003). Bd. 1. NASA Glenn Research Center. Cleveland, S. 111–125. HDL: 2060/20040182396. NASA/CP-2004-212963/VOL1.

[47] L. Battezzato und S. Turra. „Analysis of Possible Transmission Arrangements Applicable for Driving Single or Twin Counterrotating Fans or Propfan Engines“. Englisch. In: *AGARD Conference Proceedings No. 421*. Advanced Technology for Aero Gas Turbine Components. Propulsion and Energetics Panel 69th Symposium (Paris, 4.–8. Mai 1987). NATO Advisory Group for Aerospace Research & Development. Neuilly sur Seine, S. 26–1 – 26–11. ISBN: 92-835-0433-X. URL: http://ftp.rta.nato.int/public//PubFullText/AGARD/CP/AGARD-CP-421///AGARD-CP-421.pdf (besucht am 15. 05. 2013).

[48] „Allison T63 and Aubisque. New Developments in the Field of Small Turbine Engines“. Englisch. In: *Flight International* 81.2762 (15. Februar 1962). Hrsg. von Maurice A. Smith, S. 251–252. ISSN: 0015-3710. URL: http://www.flightglobal.com/pdfarchive/view/1962/1962%20-%200250.html (besucht am 15. 05. 2013).

[49] James Hay Stevens. „Turboméca's Astafan". Englisch. In: *Flight International* 101.3293 (20. April 1972). Hrsg. von J. M. Ramsden, S. 553–555. ISSN: 0015-3710. URL: `http://www.flightglobal.com/pdfarchive/view/1972/1972%20-%200929.html` (besucht am 15. 05. 2013).

[50] Bill Gunston. *The Development of Jet and Turbine Aero Engines*. Englisch. 2. Aufl. Sparkford: Stephens, 1997. ISBN: 1-85260-586-3.

[51] „Turbine Engines of the World". Englisch. In: *Flight International* 103.3330 (4. Januar 1973). Hrsg. von J. M. Ramsden. Komp. von Ken Fulton, S. 24–25. ISSN: 0015-3710. URL: `http://www.flightglobal.com/pdfarchive/view/1973/1973%20-%200032.html` (besucht am 15. 05. 2013).

[52] Irwin E. Treager. *Aircraft gas turbine engine technology*. Englisch. 3. Aufl. New York: Glencoe, McGraw-Hill, 2000. ISBN: 0-02-801828-1.

[53] Graham Warwick. „Engine for Change. Textron Lycoming LF507". Englisch. In: *Flight International* 144.4384 (25.–31. August 1993). Hrsg. von Allan Winn, S. 39–43. ISSN: 0015-3710. URL: `http://www.flightglobal.com/pdfarchive/view/1993/1993%20-%202096.html` (besucht am 15. 05. 2013).

[54] Paul Jackson, Hrsg. *Jane's All the World's Aircraft* 102 (2011–2012). Englisch. Komp. von Bill Gunston. ISSN: 0075-3017.

[55] *Rolls-Royce M45H (United Kingdom), Aero-engines - Turbofan*. Englisch. Jane's Information Group. 24. Februar 2010. URL: `http://articles.janes.com/articles/Janes-Aero-Engines/Rolls-Royce-M45H-United-Kingdom.html` (besucht am 29. 07. 2012).

[56] „International Turbine Engine Directory". Englisch. In: *Flight International* 113.3590 (7. Januar 1978). Hrsg. von J. M. Ramsden. Komp. von Ken Fulton, S. 60. ISSN: 0015-3710. URL: `http://www.flightglobal.com/pdfarchive/view/1978/1978%20-%200048.html` (besucht am 15. 05. 2013).

[57] Peter Middleton. „STOL fans from Dowty". Englisch. In: *Flight International* 99.3228 (21. Januar 1971). Hrsg. von J. M. Ramsden, S. 89–91. ISSN: 0015-3710. URL: `http://www.flightglobal.com/pdfarchive/view/1971/1971%20-%200096.html` (besucht am 15. 05. 2013).

[58] Bill Gunston. *Airbus*. Englisch. London: Osprey, 1988, S. 194–197. ISBN: 0-85045-820-X.

[59] „SuperFan-powered A340 a possibility". Englisch. In: *Flight International* 130.4040 (6. Dezember 1986). Hrsg. von David Mason, S. 4. ISSN: 0015-3710. URL: `http://www.flightglobal.com/pdfarchive/view/1986/1986%20-%203280.html` (besucht am 15. 05. 2013).

[60] Kyrill von Gersdorff, Helmut Schubert und Stefan Ebert. *Flugmotoren und Strahltriebwerke*. Entwicklungsgeschichte der deutschen Luftfahrtantriebe von den Anfängen bis zu den internationalen Gemeinschaftsentwicklungen. 4., ergänzte und erweiterte Auflage. Bonn: Bernard & Graefe, 2007, S. 433–434. ISBN: 3-7637-6128-4.

[61] „Ein neues Spiel. Das Triebwerk für den Langstrecken-Airbus wird nicht fertig - hat die Lufthansa das falsche Flugzeug bestellt?“ In: *Der Spiegel* 16 (13. April 1987). Hrsg. von Rudolf Augstein, S. 62, 65. ISSN: 0038-7452. URL: `http://www.spiegel.de/spiegel/print/d-13521916.html` (besucht am 15. 05. 2013).

[62] „Pratt & Whitney Expands Role in V2500 Compressor Work“. Englisch. In: *Aviation Week & Space Technology* (16. März 1987). Hrsg. von David A. Brown, S. 32–33. ISSN: 0005-2175.

[63] D. C. Chapman, G. J. Sevich und D. E. Smith. „Preparing a Propfan Propulsion System for Flight Test“. Englisch. In: AIAA/SAE/ASME/ASEE 23rd Joint Propulsion Conference (San Diego, 29. Juni–2. Juli 1987). The American Institute of Aeronautics und Astronautics. Washington D.C. DOI: `10.2514/6.1987-1731`. AIAA 1987-1731.

[64] W. C. Horne u. a. *Measurements of Forward Flight Effects on the Advanced Ducted Propulsion Demonstrator Engine*. Englisch. Moffett Field: NASA Ames Research Center, 1994.

[65] Christopher Hess. „PW8000. Der erste Getriebefan“. In: *Flugrevue* 10-98 (Oktober 1998). Hrsg. von Ludwig Vogel und Paul Pietsch, S. 54–56. ISSN: 0015-4547.

[66] Stanley W. Kandebo. „Pratt & Whitney Launches Geared Turbofan Engine“. Englisch. In: *Aviation week & space technology* 148.8 (23. Februar 1998). Hrsg. von David M. North, S. 32–34. ISSN: 0005-2175.

[67] Guy Norris. „P&W plans PW8000 first run for 1999“. Englisch. In: *Flight International* 153.4614 (25. Februar–3. März 1998). Hrsg. von Carol Reed, S. 5. ISSN: 0015-3710. URL: `http://www.flightglobal.com/pdfarchive/view/1998/1998%20-%200399.html` (besucht am 15. 05. 2013).

[68] Linda Tardif, Hrsg. *Pratt & Whitney Canada Completes First Run of Revolutionary ATFI Geared Turbofan Engine*. Englisch. Pressemitteilung. Pratt & Whitney Canada. 5. April 2001. URL: `http://www.pwc.ca/en/news-events/press/details/363371` (besucht am 15. 05. 2013).

[69] *Ziviles Neugeschäft - Programme - PW800*. MTU Aero Engines GmbH. URL: `http://www.mtu.de/de/products_services/new_business_commercial/programs/pw800/index.html` (besucht am 15. 05. 2013).

[70] *Pratt & Whitney Announces New Geared Turbofan Technology Partnerships*. Englisch. Pressemitteilung. Pratt & Whitney. 18. Juli 2006. URL: `http://www.pw.utc.com/media_center/press_releases/2006/07_jul/7-18-2006_6912474.asp` (besucht am 29. 07. 2012).

[71] *Pratt & Whitney's Geared Turbofan™ Demonstrator Engine Achieves Full Power*. Englisch. Pressemitteilung. Pratt & Whitney. 4. Dezember 2007. URL: `http://www.pw.utc.com/media_center/press_releases/2007/12_dec/12-4-2007_7712818.asp` (besucht am 29. 07. 2012).

[72] Ulf Michel. „The Benefits of Variable Area Fan Nozzles on Turbofan Engines". Englisch. In: 49th AIAA Aerospace Sciences Meeting including the New Horizons Forum and Aerospace Exposition (Orlando, 4.–7. Januar 2011). American Institute of Aeronautics und Astronautics. Washington D.C. DOI: 10.2514/6.2011-226. AIAA 2011-226.

[73] Richard P. Woodward und Christopher E. Hughesand Gary G. Podboy. „Fan Noise Reduction with Increased Bypass Nozzle Area". Englisch. In: *Journal of Aircraft* 43.6 (November–Dezember 2006), S. 1719–1725. ISSN: 0021-8669. DOI: 10.2514/1.19359.

[74] Joachim Kurzke. *GasTurb 12. Design and Off-Design Performance of Gas Turbines.* URL: http://www.gasturb.de/manual.html (besucht am 15. 05. 2013).

[75] *Delivering the Future. Global Market Forecast 2011-2030.* Airbus S.A.S. September 2011.

[76] „Irkut has MS-21 all under control". Englisch. In: *Flight International* 182.5350 (17.–23. Juli 2012). Hrsg. von Murdo Morrison, S. 29. ISSN: 0015-3710.

[77] Jürgen Thorbeck. *Unterlagen zur Lehrveranstaltung Flugzeugentwurf I.* Berlin: Technische Universität Berlin, Oktober 2009–März 2010.

[78] Joachim Kurzke. „Fundamental Differences Between Conventional and Geared Turbofans". Englisch. In: Proceedings of ASME Turbo Expo 2009: Power for Land, Sea and Air (Orlando, 8.–12. Juni 2009). American Society of Mechanical Engineers. New York. DOI: 10.1115/GT2009-59745.

[79] Linda Larsson, Richard Avellán und Tomas Grönstedt. „Mission Optimization of the Geared Turbofan Engine". Englisch. In: 20th International Symposium on Air Breathing Engines (Göteburg, 16.–12. September 2011). International Association of Airbreathing Engines. Cincinnati. URL: http://publications.lib.chalmers.se/records/fulltext/local_149654.pdf (besucht am 15. 05. 2013). ISABE-2011-1314.

[80] *Type Certificate Data Sheet E2GL.* Englisch. Revision 11. Federal Aviation Administration, 5. April 2007. URL: http://rgl.faa.gov/Regulatory_and_Guidance_Library/rgMakeModel.nsf/0/af205e65e5bc83ca862572d0004a7824/$FILE/E2GL.pdf (besucht am 15. 05. 2013).

[81] *Type Certificate Data Sheet E29NE.* Englisch. Revision 6. Federal Aviation Administration, 2. April 1998. URL: http://rgl.faa.gov/Regulatory_and_Guidance_Library/rgMakeModel.nsf/0/6aa6d7d13ebab48f8525670b0063189e/$FILE/E29ne.PDF.

[82] *Type Certificate Data Sheet E00055EN.* Englisch. Revision 9. Federal Aviation Administration, 27. Juli 2011. URL: http://rgl.faa.gov/Regulatory_and_Guidance_Library/rgMakeModel.nsf/0/ec047222b63b6779862578dc00632041/$FILE/E00055EN%20Rev%209.pdf (besucht am 15. 05. 2013).

[83] *Type Certificate Data Sheet E40NE.* Englisch. Revision 9. Federal Aviation Administration, 22. Juni 1999. URL: http://rgl.faa.gov/Regulatory_and_Guidance_Library/rgMakeModel.nsf/0/4f7f24e8b7eeed7a852567a700497773/$FILE/E40ne.pdf (besucht am 15. 05. 2013).

[84] Ahmed F. El-Sayed. *Aircraft propulsion and gas turbine engines.* Boca Raton: CRC Press, 2008. Kap. 5.3.3, S. 233–234. ISBN: 0-8493-9196-2.

[85] R. Niehuis und K. Rüd. „Entwicklung schnellaufender Niedrdruckturbinen für künftige wirtschaftliche und umweltschonende ADP Triebwerke". In: *Jahrbuch 1997 der Deutschen Gesellschaft für Luft- und Raumfahrt - Lilienthal-Oberth e.V. (DGLR).* Deutscher Luft- und Raumfahrtkongress 1997 (München, 14.–17. Oktober 1997). Bd. 1. Deutsche Gesellschaft für Luft- und Raumfahrt - Lilienthal -Oberth e.V. (DGLR). Bonn, S. 293–302. DGLR-JT97-156.

[86] Jack D. Mattingly. *Elements of propulsion.* Gas Turbines and Rockets. Englisch. Mit einem Vorw. von Hans von Ohain. 2. Aufl. AIAA Education Series. New York: American Institute of Aeronautics und Astronautics, 2006, S. 373. ISBN: 1-56347-779-3.

[87] Frank G. Noppel. „Comparison of Unconventional Aero Engine Architectures". Englisch. Dissertation. Cranfield University, 30. April 2011. URL: `https://dspace.lib.cranfield.ac.uk/handle/1826/6814` (besucht am 15. 05. 2013).

[88] J. B. Young und R. C. Wilcock. „Modeling the Air-Cooled Gas Turbine: Part 1 - General Thermodynamics". Englisch. In: *Journal of Turbomachinery* 124.2 (April 2002), S. 207–213. ISSN: 0889-504X. DOI: `10.1115/1.1415037`.

[89] E. E. Halila, D. T. Lenahan und T. T. Thomas. *Energy Efficient Engine. High Pressure Turbine Test Hardware Detailed Design Report.* Englisch. Cleveland: NASA Lewis Research Center, Juni 1982. HDL: `2060/19850002687`. NASA-CR-167955.

[90] Panagiotis Giannakakis, Panagiotis Laskaridis und Pericles Pilidis. „Effects of Offtakes for Aircraft Secondary-Power Systems on Jet Engine Efficiency". Englisch. In: *Journal of Propulsion and Power* 27.5 (September–Oktober 2011), S. 1024–1031. ISSN: 0748-4658. DOI: `10.2514/1.55872`.

[91] Douglas A. Wagner. „Gear Systems for Advanced Turboprops". Englisch. In: *AGARD Conference Proceedings No. 421.* Advanced Technology for Aero Gas Turbine Components. Propulsion and Energetics Panel 69th Symposium (Paris, 4.–8. Mai 1987). NATO Advisory Group for Aerospace Research & Development. Neuilly sur Seine, S. 23–1 – 23–9. ISBN: 92-835-0433-X. URL: `http://ftp.rta.nato.int/public//PubFullText/AGARD/CP/AGARD-CP-421///AGARD-CP-421.pdf` (besucht am 15. 05. 2013).

[92] W. Waschka u. a. „ATFI-HDV: Design of a new 7 stage innovative compressor for 10-18 klbf thrust". Englisch. In: 17th International Symposium on Air-Breathing Engines (München, 4.–9. September 2005). International Association of Airbreathing Engines. Cincinnati. URL: `http://www.mtu.de/en/technologies/engineering_news/development/Rued_Design_of_a_new.pdf` (besucht am 15. 05. 2013). ISABE-2005-1266.

[93] Chris Hughes, Wed Lord und Siamak Masoudi. *NASA / Pratt & Whitney Collaborative Partnership Research in Ultra High Bypass Cycle Propulsion Concepts.* Englisch. Cleveland: NASA Glenn Research Center, 7. Oktober 2008. HDL: `2060/20090008382`.

[94] *History of the CFM56-7B Turbofan Engine.* Englisch. CFM International. URL: http://www.cfmaeroengines.com/engines/cfm56-7b#history (besucht am 15. 05. 2013).

[95] Rose Worobel und Millard G. Mayo. *Q-Fans^{TM} for General Aviation Aircraft.* Englisch. Moffett Field: NASA Ames Research Center, Dezember 1973. HDL: 2060/19740005613. NASA-CR-114665.

[96] R. M. Plencner, P. Senty und T. J. Wickenheiser. *Propeller Performance and Weight Predictions Appended to the Navy/NASA Engine Program.* Englisch. Cleveland: NASA Lewis Research Center, August 1983. HDL: 2060/19830024539. NASA-TM-83458.

[97] Michael T. Tong, Scott M. Jones, William J. Haller und Robert F. Handschuh. „Engine Conceptual Design Studies for a Hybrid Wing Body Aircraft". Englisch. In: Proceedings of ASME Turbo Expo 2009: Power for Land, Sea and Air (Orlando, 8.–12. Juni 2009). American Society of Mechanical Engineers. New York. DOI: 10.1115/GT2009-59568. HDL: 2060/20090012115.

[98] Jeremy S. Agte. „Multistate Analysis and Design: Case Studies in Aerospace Design and Long Endurance Systems". Englisch. Dissertation. Massachusetts Institute of Technology, 18. August 2011. Kap. 6.5, S. 159–163. HDL: 1721.1/68167.

[99] Guy Norris. *777X Contest Prompts Pratt-Rolls Joint Venture Speculation.* Englisch. Hrsg. von Jr. Anthony Velocci. Aviation Week & Space Technology. URL: http://www.aviationweek.com/Article/PrintArticle.aspx?id=/article-xml/AW_07_16_2012_p24-475971.xml&p=1 (besucht am 15. 05. 2013).